I0814039

S. Cauville

Le Zodiaque d'Osiris

Le Zodiaque de Dendara au musée du Louvre

2e édition corrigée

PEETERS

Cet opuscule condense, en les illustrant pour un public plus large, certains éléments d'un ouvrage en cinq volumes publié en 1997 par l'Institut français d'archéologie orientale du Caire: S. CAUVILLE, *Dendara. Les chapelles osiriennes* (5 volumes).

La partie astronomique doit beaucoup à É. AUBOURG, astrophysicien au CEA.

Les photos ont été prises par A. LECLER, photographe de l'Institut français d'archéologie orientale du Caire (à l'exception de celle de la page 64, tirée du livre de Y. Arthus-Bertrand, *L'Égypte vue d'en haut*, éd. de la Martinière, 1992, p. 96).

Les dessins, reproduits d'après *Dendara. Les chapelles osiriennes*, vol. II, sont l'œuvre de B. LENTHÉRIC, dessinateur de l'université Paul Valéry à Montpellier.

Le plan architectural (p. 65) est dû à P. ZIGNANI et à M. ABOUL AMAEM, architectes à l'Institut français d'archéologie orientale du Caire.

D/2015/0602/32
ISBN 978-90-429-3166-4

Le Zodiaque d'Osiris

S. Cauville
Chercheur au CNRS

Description générale

Notions générales d'astronomie

Les mystères d'Osiris

Le Zodiaque d'Osiris

Le Zodiaque du Louvre, la pièce la plus célèbre du Département des Antiquités égyptiennes, enthousiasme les esprits depuis près de deux siècles. À son arrivée à Marseille en 1821, une foule immense attendait le *planisphère*, agent de fièvre pour les imaginations et support des interprétations extrêmes, souvent plus ésotériques que scientifiques. Les signes du zodiaque, l'équilibre de la composition d'ensemble et les dimensions relativement modestes (2,55 m de côté) ont fait de ce joyau arraché à son écrin de pierre un objet d'engouement singulier. Depuis toujours, l'Égypte fascine: évanouis les visiteurs grecs et romains, les alchimistes en font le berceau de leur science et toujours s'y ressourcent. Avec l'Expédition de Bonaparte, le pays du Nil conquiert l'Europe; les premières décennies du XIXe siècle baignent dans une égyptomanie bientôt soutenue par le déchiffrement des hiéroglyphes. La perfection de l'art égyptien s'auréole alors du mystère d'un savoir ancestral et magique.

Le Zodiaque fut «découvert» à Dendara en 1799 par le général Desaix; Vivant Denon en fit des dessins et, très vite, il suscita un grand intérêt, objet des hypothèses de datation les plus variées (2500 av. J.-C. ou 700 av. J.-C. et, plus raisonnablement, de 30 av. J.-C. à 30 ap. J.-C.). Avec l'autorisation expresse de Méhémet-Ali, il fut apporté en France par Le Lorrain. Vendu à Louis XVIII et d'abord exposé au Louvre, il prit place ensuite à la Bibliothèque nationale de 1823 à 1919, puis il réintégra définitivement le Louvre. Ses emplacements d'exposition y furent divers: la Galerie

Henri IV (de 1919 à 1936), la Crypte du Sphinx (de 1936 à 1948), l'Escalier du Sérapeum (de 1948 à 1979), la Crypte d'Osiris (de 1979 à 1994), il reposera dans la Galerie d'Alger après la réouverture du Département égyptien, à la fin de 1997. Un moulage du Zodiaque fut mis en place à Dendara en 1920.

Partie intégrante d'un ensemble osirien, le Zodiaque prend place dans le déroulement des mystères du dieu au cours desquels on célébrait sa résurrection aussi bien terrestre qu'astrale. Il constitue l'un des plafonds (en grès) des chapelles consacrées au dieu des morts sur le toit du temple d'Hathor dans le site de Dendara, un des plus beaux d'Égypte. Dès l'époque des pyramides, Dendara avait un important rôle religieux, administratif et commercial, alors que le nom même de Thèbes n'existait pas encore; rien de surprenant, ainsi, que cette ville, comme Edfou ou Karnak, ait conservé les plus vénérables témoignages de l'architecture et de la pensée égyptiennes. Chaque cité se structure autour d'une divinité dont la fortune connaît au fil des temps des bonheurs divers; jamais ne s'est démentie la faveur de Rê à Héliopolis, ni celle d'Osiris à Abydos et d'Hathor à Dendara. Les prêtres ont sans cesse enrichi leur dieu de parures théologiques subtiles, rivalisant dans la beauté et la complexité de leur science, élargissant leur monde divin; toutes ces réflexions élaborées pendant plus de deux millénaires sont gravées, de manière parfois encore non élucidée, sur les parois des temples.

DESCRIPTION GÉNÉRALE

Le Zodiaque de Dendara représente une carte du ciel, constat admis dès sa découverte grâce aux dessins des constellations situées dans la zone céleste communément appelée «zodiaque» et clairement indiquée sur le monument. Les Égyptiens avaient du ciel la vision de qui l'observerait sans connaissance précise du système solaire et sans télescope. Leur vie s'organisait autour du Nil et, tout naturellement, le Soleil se déplaçait en bateau dans l'océan céleste: enfant à l'aube, vieillard au crépuscule, dieu à quatre visages au zénith et irradiant les quatre directions, sans ombre portée. Dans l'atmosphère limpide du pays, la nuit se peuple de lumières plus ou moins brillantes, immobiles ou non; les diverses phases de la Lune, des constellations comme Orion, des étoiles comme Sirius, la brillance de Vénus et le déplacement des planètes ont été relevés, analysés et consignés dans des papyrus par les prêtres astronomes.

PREMIÈRE APPROCHE DU ZODIAQUE

Astronome de profession ou simple amateur muni d'une carte du ciel de l'hémisphère Nord, le curieux peut aisément «lire» le ciel nocturne dessiné sur le Zodiaque du Louvre: des cercles (non concentriques, comme décalés vers le nord), répartissent les constellations depuis le centre (le pôle Nord) jusqu' à l'hémisphère Sud.

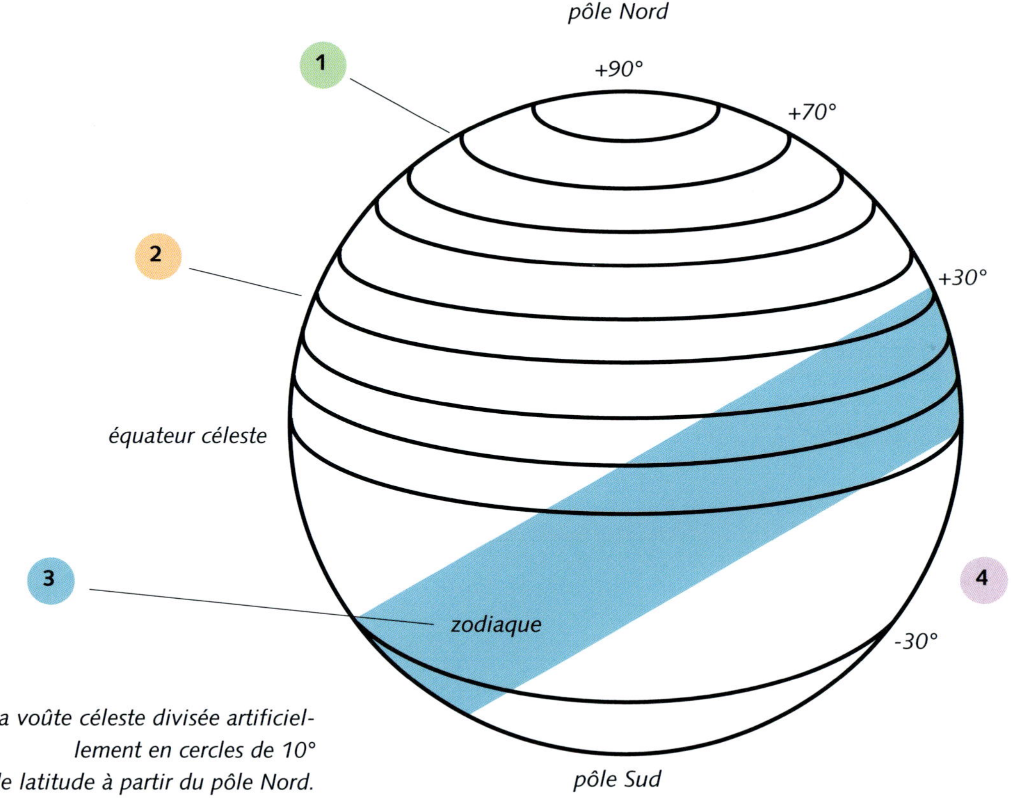

La voûte céleste divisée artificiellement en cercles de 10° de latitude à partir du pôle Nord.

- Au centre: le pôle Nord avec la Petite Ourse (dans les cercles de + 90° à + 70°)

- Deuxième cercle: les constellations de l'hémisphère Nord qui ne sont pas dans la zone du zodiaque (cercles de + 70° à + 30°)

- Troisième cercle: les constellations de la ceinture du zodiaque (zone répartie de part et d'autre de l'écliptique)

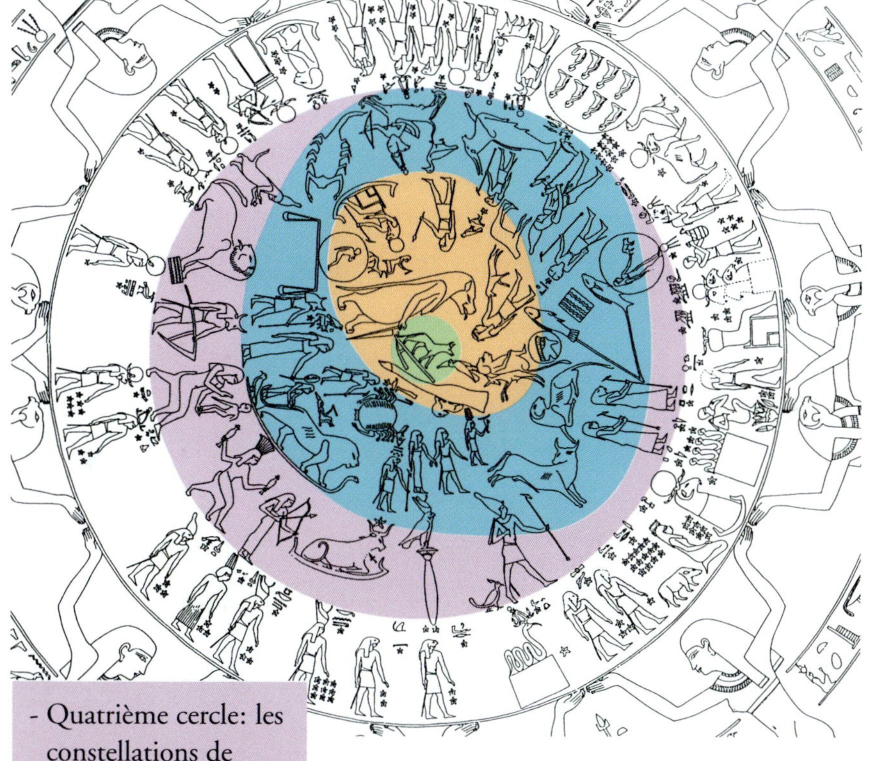

La division des cercles célestes reportés sur le Zodiaque.

- Quatrième cercle: les constellations de l'hémisphère Sud qui ne sont pas dans la zone du zodiaque

- Cinquième cercle: les étoiles partiellement indéterminées qui forment les décans, c'est-à-dire les 36 divisions du ciel à raison de 10° de longitude par région

Cette confrontation du Zodiaque et des cartes de la sphère céleste est à vrai dire fort simple, elle n'avait toutefois pas été faite jusqu'à présent: paradoxalement, la réputation mystérieuse et astrologique du bloc semble avoir inhibé certains scientifiques qui ont conclu à une représentation purement symbolique. Pourtant, la patte de taureau, image de la Grande Ourse, était chose connue; les constellations du Zodiaque sont judicieusement placées «en ceinture» au milieu du ciel et les planètes circulent très normalement dans cet espace. Pour trouver la clef du mystère, il fallait d'abord le respect scientifique et la curiosité d'un astronome, en l'occurrence É. Aubourg, puis, pour faciliter la recherche, une datation sûre située dans une fourchette chronologique assez étroite.

Les temples d'Hathor et d'Isis à Dendara.

DATATION DU ZODIAQUE

Douze siècles après Ramsès II, Ptolémée Aulète fonda à Dendara un nouveau temple d'Hathor le 16 juillet 54 av. J.-C. (il est possible de convertir la date égyptienne, calculée sur les années de règne du pharaon, en calendrier julien). Les cryptes, qui sont en quelque sorte les fondations du bâtiment, portent le nom de ce même Ptolémée, lequel meurt au début de l'an 51 av. J.-C. Après la mort de son père, Cléopâtre fait supprimer ses deux frères, suit César à Rome et en revient précipitamment après l'assassinat de celui-ci; elle associe alors au pouvoir son fils Césarion, né le 25 juin 47 av. J.-C.; toutefois, les premiers documents officiels attestant cette corégence n'apparaissent qu'en 42 av. J.-C. Entre 51 av. J.-C. et le règne conjoint de la dernière des reines d'Égypte avec son fils, les cartouches royaux sont restés anonymes dans tout le pays; c'est le cas à Dendara et notamment dans les chapelles osiriennes d'où provient le Zodiaque. Le célèbre relief devait donc infailliblement dater de cette période.

Partant de cette donnée assurée, É. Aubourg a cherché si, dans ce laps de temps (51-43 av. J.-C.), la place des planètes parmi les constellations du zodiaque était astronomiquement possible. Rappelons que les planètes décrivent des orbites qui s'éloignent peu du plan de l'écliptique, c'est-à-dire qu'elles semblent bouger dans la zone, appelée communément «zodiaque», parcourue par les douze constellations. Leur trajectoire n'est cependant pas identique à celle de la Terre, elle-même planète du système solaire. Par ailleurs, ces corps célestes se déplacent d'autant plus vite qu'ils sont plus proches du Soleil. Il arrive ainsi que certains d'entre eux «doublent» la Terre, tandis que celle-ci «double» les autres. Lors de ces dépassements, la planète, vue de la Terre, paraît s'arrêter, rétrograder légèrement puis repartir en avant. Or, les astronomes égyptiens ont figé en un instant unique et donc artificiel, le bref moment où les cinq planètes font leurs «pauses», les dernières de celles-ci (Mars dans le Capricorne ou Mercure à côté de la Vierge) permettant de déterminer la date de conception, soit entre juin et août 50 av. J.-C.; cette datation est certaine puisqu'une telle disposition de ces cinq pauses ne se produit qu'une fois par millénaire.

Deux éclipses sont représentées dans ce ciel «idéal»: l'une, lunaire, au-dessus des Poissons: elle s'est réellement produite le 25 septembre 52 av. J.-C. à 22h56; l'autre, solaire, au-dessous des Poissons: elle a eu lieu le 7 mars 51 av. J.-C. à 11h10. Il y eut une fort belle éclipse solaire dans le Lion le 21 août 50 av. J.-C. à 5h22, elle n'est pas représentée; cela prouve que

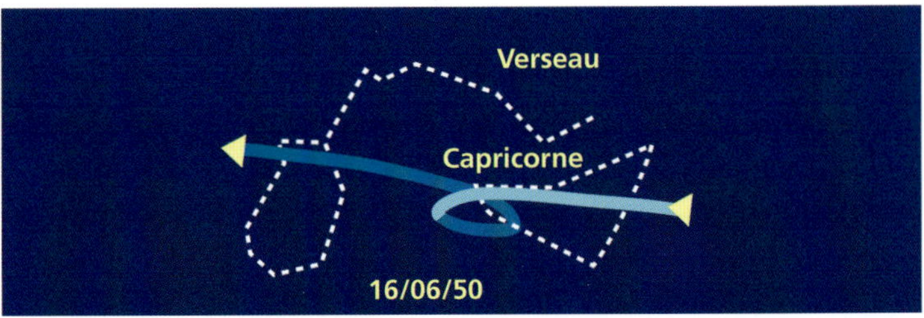

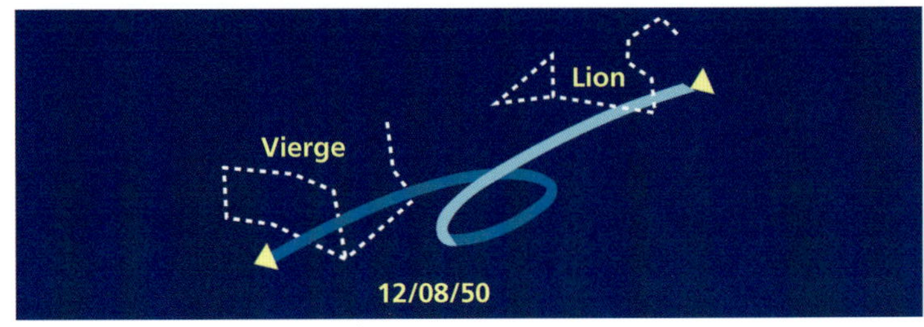

Pauses de Mars dans le Capricorne et de Mercure dans la Vierge.

le ciel a été graphiquement «figé» après le 12 août (pause de Mercure entre la Vierge et le Lion) et avant le 21 août 50 av. J.-C. Les prêtres ne pouvaient pas donner une image du ciel en un moment donné, puisque les planètes ne font pas leur pause au même moment; ils ont donc en quelque sorte aboli le temps et rassemblé tous les éléments marquants du ciel entre l'époque de fondation et la mise en place du Zodiaque, laquelle marque peut-être le début de la décoration des chapelles osiriennes.

LES SUPPORTS DE LA VOÛTE CÉLESTE

Le cercle céleste est placé dans un carré porté par douze personnages, quatre femmes debout et huit dieux agenouillés. Les dieux à tête de faucon symbolisent l'éternité, ils confient ainsi à la scène une dimension intemporelle. Les déesses, quant à elles, donnent le cadre spatial: à chacune d'entre elles est affecté un point cardinal (indiqué en hiéroglyphes), parfaitement orienté. Des textes définissent le rôle de ces piliers qui portent le ciel de manière ferme, sans jamais faillir à leur tâche; la déesse de l'ouest dit: *Je porte le ciel sur le sommet de ma tête, sans m'écarter de ma place chaque jour, l'horizon de (mon) maître, celui-ci y circule en tant qu'Orion dans sa mère Nout.*

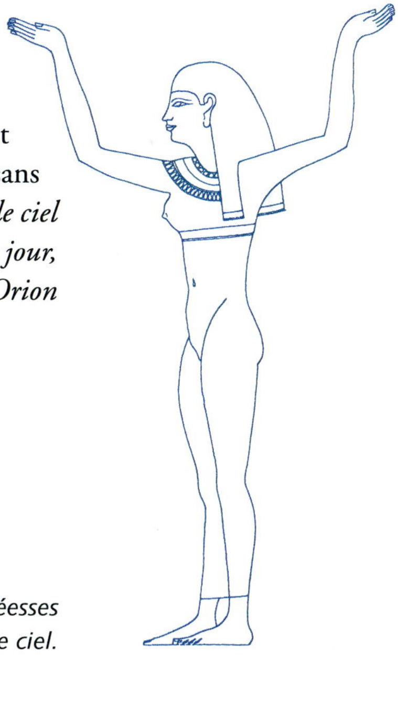

Une des déesses qui portent le ciel.

LE CIEL TEL QU'IL EST DÉCRIT PAR LUI-MÊME

Entre ces symboles du temps et de l'espace court un texte qui apporte quelques précisions à la description figurée:

> *Le ciel d'or, le ciel d'or, c'est Isis la grande, mère du dieu, maîtresse de La-Butte-où-a-été-mise-au-monde-la-déesse, qui prend place dans Dendara, c'est le ciel d'or.*
>
> *Les grands dieux sont ses étoiles:*
> *Harsiesis, son dieu du matin (= Vénus),*
> *Sokar, sa Voie lactée,*
> *Le Jeune-Homme Osiris, son étoile visible (= Canope),*
> *Osiris, sa Lune,*
> *Orion, son dieu,*
> *Sothis, sa déesse (= Sirius),*
> *ils entrent et sortent pour les morts de la vallée infernale.*

Paradoxalement là encore pour un document aussi célèbre, aucune traduction n'avait jamais même été avancée. Deux identifications restent hypothétiques, celles de la Voie lactée et de Canope. É. Aubourg et moi-même avons observé du toit du temple un ciel d'octobre, juste avant les premières lueurs de l'aube: après «l'évanouissement» de la Grande Ourse, quand le ciel se fait plus lisible, on ne distinguait plus que la Lune, la Voie lactée, Vénus, Orion, Sirius et, bas sur l'horizon mais très visible, Canope. Tous ces éléments sont identifiés à Osiris-Sokar, Isis-Sothis et Harsiesis.

Le fameux Zodiaque est donc un ***ciel osirien***, parfaitement observable à la dernière heure de la nuit.

NOTIONS GÉNÉRALES D'ASTRONOMIE

Chaque jour le Soleil, la Lune et les étoiles semblent se déplacer le long du ciel, se levant à l'est et se couchant à l'ouest : les Anciens attribuaient ce mouvement à la rotation de la sphère céleste autour de la Terre. Cette rotation apparente implique que le ciel change continuellement d'aspect au cours de chaque nuit.

La Terre tourne sur elle-même en vingt-quatre heures et autour du Soleil en une année. Comme la Terre nous paraît immobile, c'est l'ensemble de l'univers qui tourne autour du pôle Nord en un jour d'une part et en un an d'autre part.

Les planètes ont des orbites différentes selon leur proximité du Soleil : la Terre met un an à contourner celui-ci, Mercure 88 jours. La Lune tourne autour de la Terre à une vitesse d'environ 1 km/s, les étoiles peuvent atteindre 300 km/s. À l'observation, ce sont les astres les plus proches de nous qui semblent aller le plus vite : le déplacement de la Lune sur le fond du ciel est très perceptible, celui des planètes l'est après un certain laps de temps, les étoiles enfin semblent immobiles.

Celles-ci sont des boules de gaz qui produisent leur propre lumière; elles ont des éclats différents, et l'on appelle «magnitude» la force de l'éclat d'une étoile: Véga est une étoile de première magnitude, l'Étoile polaire est de deuxième magnitude. Certaines étoiles forment entre elles des dessins caractéristiques, que l'on désigne par le mot «constellation»; les astronomes modernes en ont conservé les appellations anciennes.

Sirius, de première magnitude, est l'étoile la plus brillante de sa constellation (et du ciel); elle est aussi appelée «Alpha du Grand Chien» (Alpha, Bêta, etc. étant une manière commode de classer les étoiles selon leur éclat dans une même constellation). Canope, la deuxième plus brillante étoile du ciel, domine de sa lumière sa constellation, elle est donc «Alpha de la Carène».

La Voie lactée est une traînée lumineuse irrégulière qui barre le ciel (sans télescope, il est impossible de voir qu'elle est formée de myriades de myriades d'étoiles).

Tableau des phases de la Lune:

Nouvelle Lune:	*Pleine Lune:*
près du Soleil	*opposée au Soleil*
lever à l'aube	*lever au crépuscule*
coucher au crépuscule	*coucher à l'aube*
invisible	*visible toute la nuit*

LA LUNE ET SA SYMBOLIQUE

La Lune tourne autour de la Terre selon le même mouvement apparent que le Soleil et passe à un moment de son orbite entre celui-ci et la Terre. Elle n'émet pas de lumière par elle-même et ne fait que réfléchir une partie de celle qu'elle reçoit du Soleil; elle est donc obscure entre le Soleil et la Terre et brille de tout son éclat «emprunté» quand elle est en opposition avec le Soleil (la Terre se trouve alors entre le Soleil et la Lune).

Quand elle est invisible, c'est la Nouvelle Lune; quand elle est totalement éclairée, c'est la Pleine Lune. Au fur et à mesure de son déplacement autour de la Terre, on aperçoit d'abord un mince croissant, puis un Premier Quartier (une semaine environ après la Nouvelle Lune) observable durant la première moitié de la nuit. À la Pleine Lune, le satellite tourne vers la Terre la totalité de sa moitié éclairée. Une semaine après, on n'observe plus que le Dernier Quartier, apparent pendant la deuxième moitié de la nuit.

Quand la Lune est revenue en face du Soleil, un nouveau cycle commence. Le cycle s'étend sur 29,5 jours environ, la base du mois adopté par les Égyptiens et repris par les Grecs.

1

Nouvelle Lune

2

Premier Quartier

Les phases de la Lune.

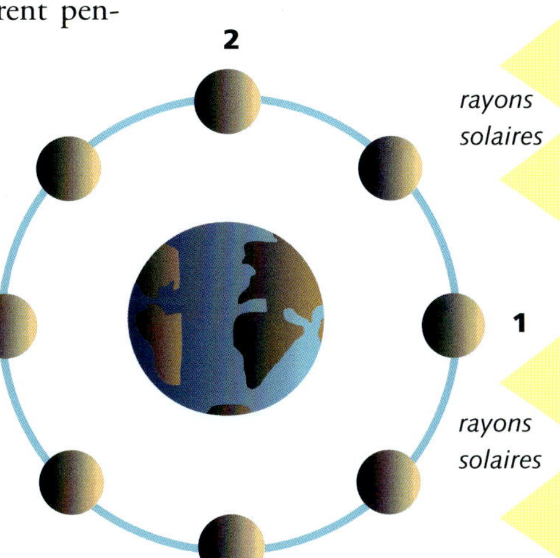

3

Pleine Lune

4

Dernier Quartier

Le symbole résultant de l'opposition entre les deux aspects de la Lune a été largement exploité par les prêtres égyptiens: lors de sa «disparition», la Lune est proche du Soleil, tout comme Osiris repose pour l'éternité auprès de son père Rê (voir plus loin p. 61); quand la Lune est visible toute la nuit, l'astre s'arroge la moitié de la journée; c'est alors une force égale au Soleil, qui se lève lors du coucher de celui-ci. La souveraineté est ainsi répartie entre les deux entités religieuses dominantes du pays, Rê et Osiris. La Pleine Lune se lève à l'est et se couche à l'ouest dans un mouvement comparable à celui du Soleil, trajet respecté à Dendara lors des processions cosmiques (voir plus loin p. 67).

La suprématie de Rê tout au long de l'histoire égyptienne est incontestable; le clergé d'Héliopolis a dominé les doctrines théologiques, manipulant au besoin les autres systèmes religieux pour assurer la première place à Rê et à sa ville. Il ne fut cependant pas possible d'«oblitérer» Osiris et la Lune: l'un assure la survie, l'autre rythme le calendrier et influence les croyances populaires. Si la Lune est 400 fois plus petite que le Soleil, elle est aussi 400 fois plus proche: de ce fait, les deux astres dans le ciel ont pratiquement le même diamètre et aucune «hiérarchie» n'est acceptable. Il y eut, sans doute très vite, conciliation et arrangement entre les clergés: le jour et les vivants au Soleil/Rê; Osiris, quant à lui, régnait sur la nuit et sur les morts. D'ailleurs, Osiris lui-même est censé avoir été enterré à Héliopolis, à côté de Rê; de grandes fêtes nocturnes furent organisées dans la métropole et, par la suite, dans les grands sanctuaires: on se transportait sur le toit d'un édifice religieux pour célébrer les moments marquants du cycle lunaire; on imagine alors les prêtres montant lors de la Pleine Lune sur le toit du temple d'Hathor, psalmodiant et adorant l'astre divin qui remplit tout le ciel et irradie l'espace sacré de son étrange lumière.

En tout temps, en tout pays, la Lune a fortement marqué les mentalités; à la maturité de l'astre sont associées la fécondité des femmes et la vigueur des hommes. En Égypte, certains noms de la Lune reposent sur des réalités concrètes: ainsi pendant le *taureau castré*, il fallait sûrement castrer, comme de nos jours, taureaux et chevaux, sous peine d'inflammations fâcheuses!
Les phases de la Lune, en astrologie, sont très parlantes et ne s'éloignent guère finalement des conceptions égyptiennes: la Nouvelle Lune symbolise mort et désintégration provisoires, la Pleine Lune apporte plénitude et maturation.

Les éclipses de Lune et de Soleil

Une éclipse est la disparition visuelle d'un astre, partielle ou complète, due à son passage dans l'ombre d'un autre ou à son occultation. Si l'orbite de la Lune et celle de la Terre étaient situées dans le même plan, il y aurait des éclipses tous les mois. Dans la réalité, le plan de l'orbite lunaire est incliné d'environ 5° par rapport à celui de l'orbite terrestre; il ne peut y avoir d'éclipse que lorsque le Soleil, la Lune et la Terre se situent exactement sur la même ligne. Tous les 18 ans et 11 jours, les éclipses se reproduisent dans le même ordre: il est donc possible de les prédire; en moyenne, par exemple, il y a deux éclipses totales ou partielles du Soleil visibles chaque année d'un endroit donné de la Terre.

La Lune ne peut être éclipsée que lorsqu'elle ne reçoit plus la lumière du Soleil, c'est-à-dire lorsqu'elle est complètement dans l'ombre de la Terre: en l'espace d'une heure, la totalité du disque est envahie par l'ombre et la teinte devient rouge. Pour qu'il y ait éclipse, il faut que la Lune soit exactement dans l'alignement Soleil - Terre - Lune: cela doit donc être lors de la Pleine Lune.

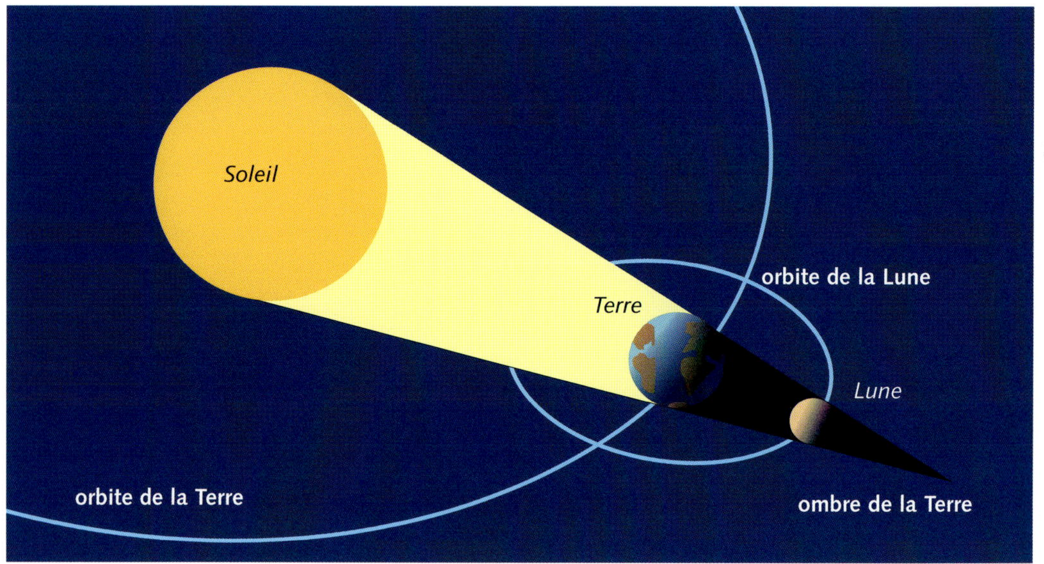

L'éclipse de Lune.

Les éclipses de Lune sont plus nombreuses que celles du Soleil, elles sont visibles de tout l'hémisphère plongé alors dans la nuit.

L'année 52 av. J.-C. fut un grand millésime pour les éclipses lunaires, il y en eut une le 1er avril à 21h28 entre la Vierge et la Balance (séparation de 0,06° entre Soleil et Lune). La deuxième éclipse de l'année fut plus belle encore avec une séparation de 0,05°: elle eut lieu le 25 septembre à 22h56 entre les

Poissons et le Bélier. Il n'y eut aucune éclipse dans les années 51 et 50 (la suivante se produit le 7 novembre 45 av. J.-C.). Il fallait donc, pour les prêtres égyptiens, choisir une des éclipses de l'année 52 av. J.-C., située chronologiquement entre la fondation du temple et la conception du Zodiaque: la plus belle fut choisie.

Mais comment un prêtre astronome peut-il représenter une éclipse? Il était impossible de dessiner uniquement le disque solaire (en général, rond avec un point au milieu), ce qui aurait été aussi peu explicite qu'incongru dans un ciel nocturne. Une éclipse de Lune ne peut avoir lieu que lorsque l'astre est plein, au quinzième jour. La Pleine Lune est figurée dans l'iconographie égyptienne par l'œil sacré (𓂀); les prêtres ont donc représenté la Pleine Lune pour marquer l'invisibilité temporaire du *disque d'argent*.

Lorsque la Lune passe entre le Soleil et la Terre, elle est invisible puisqu'elle présente à la Terre sa surface non éclairée. Elle peut, selon l'inclinaison de son orbite, parfaitement s'interposer entre le Soleil et la Terre et masquer ainsi la lumière du Soleil: l'éclipse de Soleil a donc lieu quand la Lune est invisible, ce qu'avaient fort bien compris les Égyptiens.

L'éclipse de Soleil.

ÉCLIPSE TOTALE

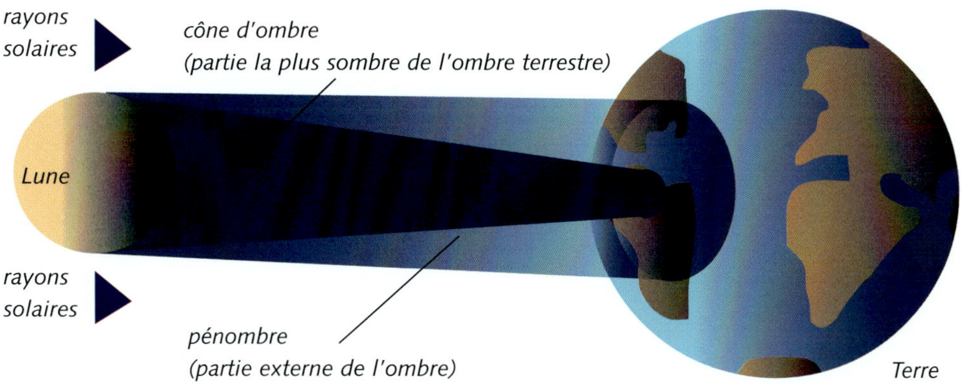

L'ombre de la Lune ne balaie qu'une étroite bande de 270 km de large, alors que la pénombre affecte une zone de 7000 km (on parlera alors d'éclipse partielle). Pendant les quelques minutes que dure cette nuit anormale réapparaissent les planètes et les étoiles les plus brillantes.

Les éclipses partielles se produisent tous les deux ans et demi en moyenne, alors que les éclipses totales sont fort rares en un point donné (tous les trois siècles à Paris: 1724 puis 2026).

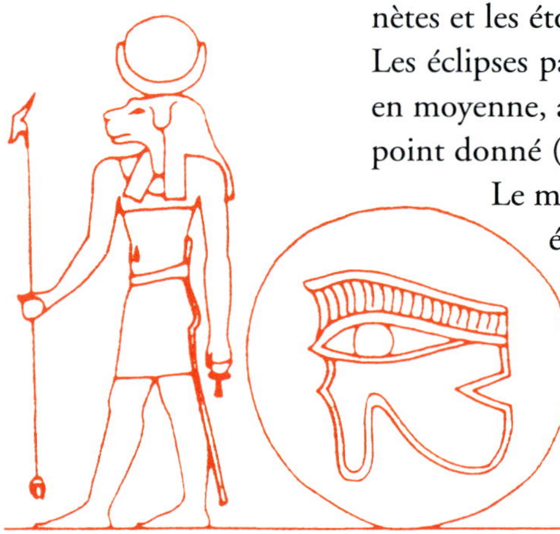

Osiris-Lune, babouin et œil sacré

Le matin du 7 mars 51 av. J.-C. à 11h10 eut lieu une éclipse de Soleil, qui fut presque totale à Dendara, précisément à l'endroit où elle est représentée sur le Zodiaque, sous les Poissons. Comment représenter une éclipse? Par un disque, bien sûr, mais en montrant que la Lune a pris la place du Soleil; représenter la Lune est impossible puisque l'éclipse solaire se produit à la Nouvelle Lune, c'est-à-dire quand l'astre est invisible. Les prêtres ont donc choisi de placer dans le disque une déesse qui tire par la queue un babouin 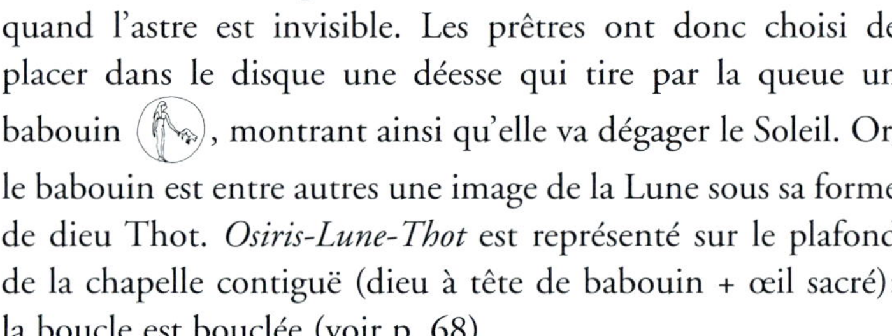, montrant ainsi qu'elle va dégager le Soleil. Or, le babouin est entre autres une image de la Lune sous sa forme de dieu Thot. *Osiris-Lune-Thot* est représenté sur le plafond de la chapelle contiguë (dieu à tête de babouin + œil sacré): la boucle est bouclée (voir p. 68).

Ptolémée Aulète, qui décida d'une nouvelle fondation sacrée à Dendara, est mort entre le 22 février et le 22 mars 51 av. J.-C., sans que puisse être davantage précisé le jour exact de sa mort. L'éclipse eut son centre à Alexandrie (c'est-à-dire qu'elle y fut totale), alors que la séparation entre les deux disques était déjà de 0,02° au Caire et de 0,06° à Dendara. Imaginons que la mort du «Soleil» régnant à Alexandrie ait eu lieu, sinon le 7 mars 51 av. J.-C., du moins à une date proche, on comprend aisément la nécessité de graver dans la pierre ce passage symbolique dans le monde des morts, le paradis d'Osiris que va rejoindre le roi défunt pour atteindre à une vie éternelle.

Les deux éclipses – lunaire et solaire – du Zodiaque sont elles aussi osiriennes: le Soleil n'apparaît pas, place est faite au dieu de la nuit qu'est Osiris. La Lune est ainsi représentée sous ses deux aspects, invisible mais éclipsant le Soleil-Rê, éclipsée mais représentée en Pleine Lune.

L'ÉCLIPTIQUE ET LES CONSTELLATIONS DU ZODIAQUE

Au lieu de tourner verticalement autour du Soleil – le Soleil éclairerait constamment l'équateur à 90° –, la Terre est légèrement inclinée, de 23°26', par rapport à une verticale qui passerait par les deux Pôles. De ce fait, au cours d'une année, le Soleil est à tout instant à la verticale d'un lieu situé entre les Tropiques, donc d'une latitude comprise entre 23,5° N et 23,5° S. Cette apparente route annuelle du Soleil dans le ciel est appelée «écliptique».

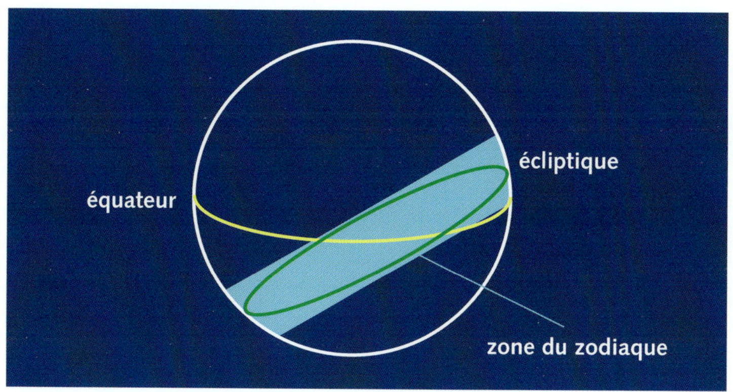

L'équateur, l'écliptique et la zone du zodiaque.

Le zodiaque est la zone de l'hémisphère céleste qui s'étend de 8,5° de part et d'autre de l'écliptique. Le Soleil, la Lune et les planètes visibles dans leur mouvement apparent parcourent cet espace qui contient douze constellations que l'on appelle communément zodiaque. Les *zôdia* sont des êtres vivants, à la fois animaux, hommes et êtres hybrides. Ceinture artificielle, pensée et définie par des hommes, elle fut divisée en douze cases qui commencent après l'équinoxe de printemps (21 mars), lorsque le Soleil entre dans le signe du Bélier: après un arc de 30°, il entre dans le Taureau et ainsi de suite. Les constellations zodiacales du printemps et de l'été sont situées dans la partie nord de l'écliptique: le Bélier, le Taureau, les Gémeaux, le Cancer, le Lion, la Vierge. Les constellations zodiacales de l'automne et de l'hiver sont, quant à elles, situées dans la partie sud de l'écliptique: la Balance, le Scorpion, le Sagittaire, le Capricorne, le Verseau, les Poissons. Sur le Zodiaque d'Osiris, elles se répartissent très normalement en quatre parties, selon notre schéma quadripartite actuel des saisons.

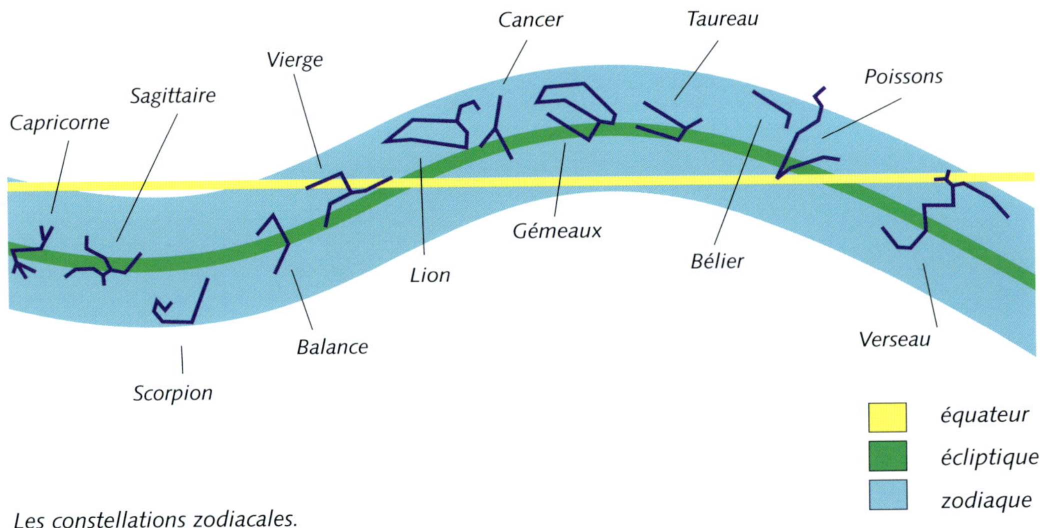

Les constellations zodiacales.

En astrologie, le passage du Soleil et des planètes dans une constellation est éminemment important: aujourd'hui encore, les «signes du zodiaque» continuent à marquer la vie humaine de leur empreinte mystérieuse et irrationnelle.

En Occident, c'est-à-dire dans le monde méditerranéen au sens large, les premières représentations de zodiaque remontent au IIIe siècle av. J.-C. En Égypte, on n'en connaît guère plus d'une vingtaine de représentations; elles apparaissent à l'époque gréco-romaine – dans des temples, des sarcophages ou des tombes privées. Les noms égyptiens des signes du zodiaque sont empruntés pour certains au langage courant, ainsi le Taureau ou le Lion; le Cancer est, en revanche, un mot unique; la Vierge se dit *la Dame*, le Sagittaire est *Celui qui tire (une flèche)* et le Capricorne est *Face de chèvre*. Certains dessins d'animaux sont égyptiens (Bélier, Taureau, Poissons) sans que l'on puisse déceler une influence babylonienne, le scorpion n'a pas le type habituel «égyptien» et les animaux composites sont manifestement importés (Sagittaire, Capricorne).

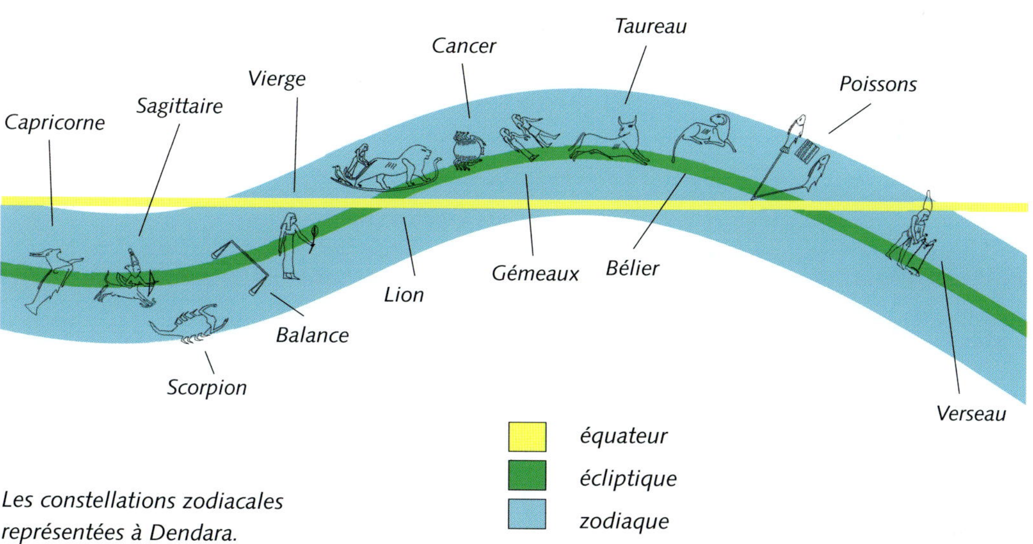

Les constellations zodiacales représentées à Dendara.

On peut mettre en parallèle avec les signes zodiacaux d'Osiris ceux des salles à colonnes du temple d'Hathor à Dendara et du temple de Khnoum à Esna:

Le Bélier
Première constellation du zodiaque, elle est peu spectaculaire.

Le Taureau
Grande constellation qui s'étend vers le nord à partir de l'équateur céleste.

Les Gémeaux
C'est l'une des principales constellations de l'hémisphère Nord.

Le Cancer
Situé dans l'hémisphère Nord, il est la moins visible des constellations.

Le Lion
Une des principales constellations de l'hémisphère Nord.

La Vierge
C'est la deuxième des plus grandes constellations du ciel.

La Balance
Située au sud de l'équateur céleste.

Le Scorpion
Constellation de l'hémisphère Sud.

Le Sagittaire
Une des constellations les plus riches, qui se situe dans l'hémisphère austral.
L'arc levé vise le cœur du scorpion.

Le Capricorne
Constellation de l'hémisphère Sud.

Le Verseau
Constellation majeure de la région équatoriale. La représentation populaire est celle d'un homme qui verse de l'eau d'une jarre, l'eau tombe sur le Poisson austral. Les Égyptiens ont parfaitement adapté le symbole en choisissant le dieu Hâpy, symbole de la crue, qui verse de l'eau de deux vases rituels.

Les Poissons
Cette grande constellation se situe dans la région équatoriale du ciel; elle représente deux poissons liés par une corde; le nœud est marqué par Alpha des Poissons, c'est-à-dire l'étoile la plus brillante de la constellation.

LES PLANÈTES

Le mot planète vient d'un mot grec signifiant «astre en mouvement»; elles sont très brillantes et ne scintillent pas. Entre les plus anciennes attestations des planètes visibles à l'œil nu (Mercure, Vénus, Mars, Jupiter et Saturne) et la découverte des trois autres planètes du système solaire (Uranus, Neptune et Pluton), trois millénaires se sont écoulés. La tradition ancienne a, de tout temps, donné le nom d'un dieu à chacune des cinq planètes identifiées; elles se déplacent dans la ceinture du zodiaque.

La période orbitale de la Terre autour du Soleil est de 365,26 jours. Les deux planètes situées entre le Soleil et la Terre, Mercure et Vénus, ont des orbites plus courtes, à savoir 88 et 224 jours; les planètes situées au-delà de la Terre ont des orbites plus longues, 687 jours pour Mars, 11 ans et 315 jours pour Jupiter, 29 ans et 167 jours pour Saturne.
Comme la planète parcourt son orbite à une vitesse différente de celle de la Terre, elle semble décrire des boucles dans le ciel parmi les constellations, suivre le Soleil dans sa course, ou rétrograder et se diriger en sens opposé avant de reprendre sa course vers l'est. Les immobilisations apparentes des planètes ou «pauses» peuvent donc être localisées dans une constellation du zodiaque, puisque les planètes se déplacent dans cette zone; ainsi Vénus fera cette boucle en février-mars 1998 dans le Capricorne, alors que Jupiter la fera en mai 1998 dans le Verseau.
Les planètes inférieures (situées entre le Soleil et la Terre) sont Mercure et Vénus. Elles ne s'éloignent jamais beaucoup du Soleil et sont invisibles quand elles sont précisément entre le Soleil et la Terre; elles ne sont observables qu'en début ou en

fin de nuit: elles présentent des phases analogues à celles de la Lune. Mercure et Vénus ne s'écartent jamais beaucoup l'une de l'autre; or, sur le Zodiaque d'Osiris, elles sont très éloignées: c'est une preuve, si besoin était, qu'il ne peut s'agir d'une représentation à un moment donné, leurs positions respectives correspondant aux pauses qu'elles font au cours de leur trajectoire. Le terme scientifique pour les pauses des «astres vagabonds» est «conjonction» pour les planètes inférieures (Mercure et Vénus) et «opposition» pour les planètes supérieures. Mercure, la plus proche du Soleil, a trois conjonctions par an, Vénus une tous les ans et demi. Mars a une opposition tous les deux ans environ, qui se décale d'à peu près deux constellations zodiacales à chaque fois; Jupiter et Saturne ont un peu plus d'une opposition par an, qui se décale d'une constellation à chaque fois.

Cet état de choses fait qu'une configuration donnée ne se répète qu'au bout d'un grand nombre de siècles; comme on l'a dit plus haut, la place conjointe des planètes telle qu'elle est figurée dans le Zodiaque d'Osiris ne se retrouve qu'une fois par millénaire.

Mercure

Mercure

Le déplacement de Mercure apparaît rapide, mais difficile à observer à l'œil nu. On a cru longtemps que la planète tournait autour de son axe dans le même temps qu'elle mettait à parcourir son orbite autour du Soleil. Mercure surgit tantôt à l'ouest après le coucher du Soleil, tantôt à l'est, avant son lever et toujours à proximité de l'horizon, restant plus ou moins baignée des lueurs de l'aurore ou du crépuscule.

Le nom égyptien de Mercure, *l'Inerte* ou *le Nonchalant*, a pour racine un verbe qui véhicule la notion de fainéantise, comme si les astronomes traduisaient l'incapacité à s'élever

Vénus

au-dessus de l'horizon; en revanche, les Grecs ont exalté sa rapidité de déplacement et l'ont assimilée à Hermès/Mercure, le patron du commerce, des messagers et des voyageurs.

Vénus

Vénus est l'astre le plus lumineux du ciel après le Soleil et la Lune. Son éclat peut atteindre douze fois celui de Sirius. On l'observe au mieux dans un ciel crépusculaire, car elle est enveloppée de nuages denses qui reflètent la plus grande partie des rayons du Soleil. Comme Mercure, la planète semble osciller de part et d'autre du Soleil, elle est donc visible tantôt dès le coucher du Soleil, tantôt avant son lever. Souvent appelée «l'étoile du Berger», elle est visible trois heures environ; elle est la première «étoile» à s'allumer le soir, ou la dernière à s'éteindre le matin. Lorsqu'elle s'écarte suffisamment du Soleil, il arrive même que l'on puisse l'apercevoir en plein jour si le ciel est très pur.

Dans l'iconographie égyptienne, Vénus a souvent deux visages, sans doute l'un pour le soir, l'autre pour le matin. Dans le texte du Zodiaque, Vénus – ou *le dieu du matin* en égyptien – est le fils d'Osiris, à savoir Harsiesis; à l'aube, quand la Pleine Lune disparaît, l'héritier ne laisse pas le trône vacant mais succède immédiatement à son père.

Mars

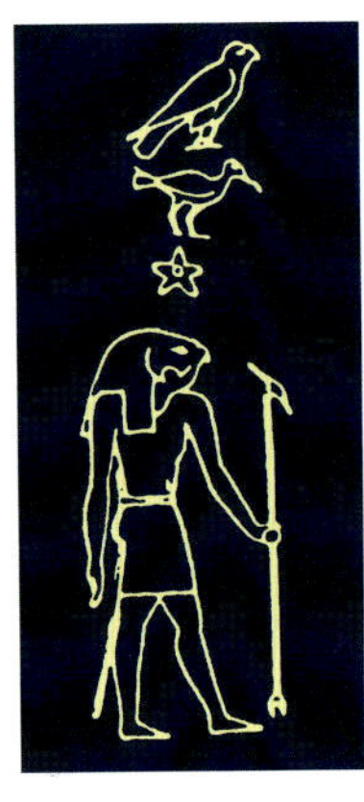

Mars

Pour pouvoir bien observer Mars, il faut attendre que la planète approche de la Terre.

Arès (grec) / Mars (latin) est le dieu de la guerre pour les Grecs et les Romains à cause de sa couleur rougeâtre qui rappelle celle du sang. La même idée avait été conçue un millénaire auparavant par les Égyptiens qui l'appelaient *Horus le rouge*.

Jupiter

La planète géante du système solaire est d'un éclat qui ne le cède qu'à celui de Vénus. Elle a onze fois le diamètre de la Terre et 1300 fois son volume.

Les Anciens ont assimilé ce géant à Zeus (grec) / Jupiter (latin), le dieu du ciel, le maître de tous les dieux, qui fait régner sur la Terre l'ordre et la justice. La même conception avait été adoptée par les astronomes égyptiens qui l'ont assimilé à Osiris. Le nom courant de la planète peut se traduire de deux façons: soit *Horus qui éclaire le pays*, ce qui est admissible compte tenu de son éclat, soit *Horus qui dévoile le mystère*, ce que j'ai préféré dans le cadre des chapelles osiriennes; une autre appellation lui est donnée lors de la résurrection du mois de khoiak: *Horus qui fait cesser le massacre dans le Pays*, nom en relation avec son rôle de maître de justice.

Jupiter

Saturne

De neuf fois le diamètre de la Terre, Saturne est appelé *Horus le taureau*. Pour les Anciens, il est Kronos (grec) / Saturne (latin) et est aussi nommé *le Brillant*.

Saturne

La plus ancienne attestation des planètes provient de la tombe de Senenmout (XVe siècle av. J.-C.), le célèbre architecte de Deir el Bahari et conseiller de la reine Hatchepsout.

LES AUTRES CONSTELLATIONS ET LES DÉCANS

En dehors de la ceinture zodiacale qui fait la célébrité du relief, trois autres régions célestes sont dessinées: celles du pôle Nord, de l'équateur et de l'hémisphère Sud.

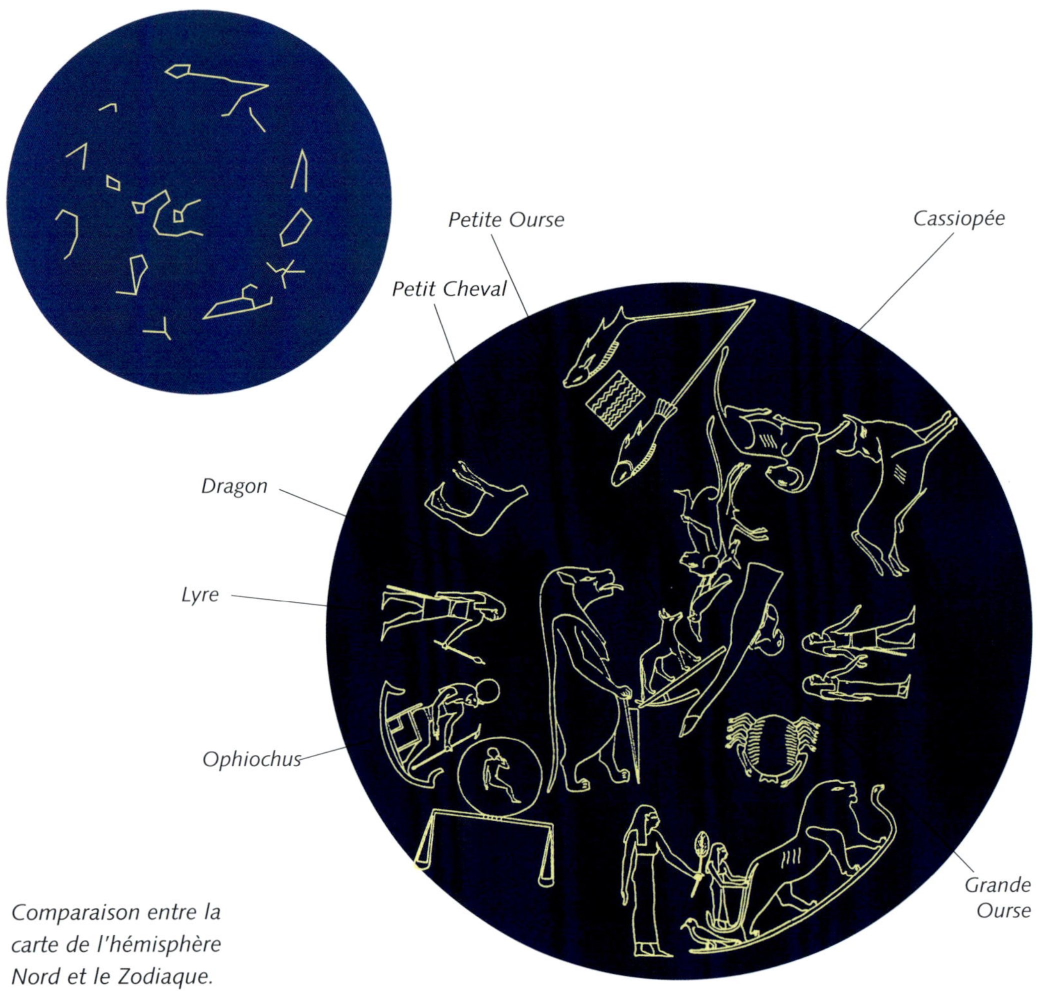

Comparaison entre la carte de l'hémisphère Nord et le Zodiaque.

A - Région du pôle Nord

- **la Petite Ourse** a dans le ciel sensiblement la même forme (une casserole) que la Grande Ourse, mais elles sont orientées différemment. L'Étoile polaire, la plus brillante de la constellation, forme le point central de l'hémisphère Nord. Elle est entourée par **la Grande Ourse**, **le Dragon** et **Cassiopée**.

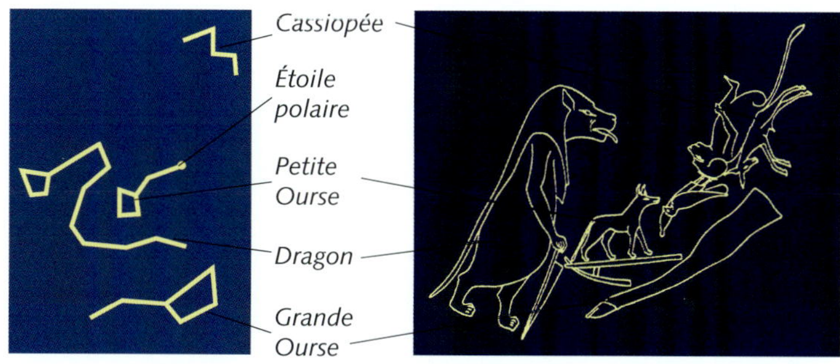

La région du pôle Nord: comparaison entre le ciel et le dessin du Zodiaque.

- **le Dragon** est une constellation disséminée tout autour du pôle Nord. La tradition égyptienne est proche de celle qui fera du Dragon le gardien du Pôle; Isis, qui joue ce rôle, prend l'apparence de Thouéris-l'hippopotame et est censée garder enchaînée la jambe de Seth, la Grande Ourse, pour l'empêcher d'aller dans le ciel du Sud et perturber la marche d'Orion.

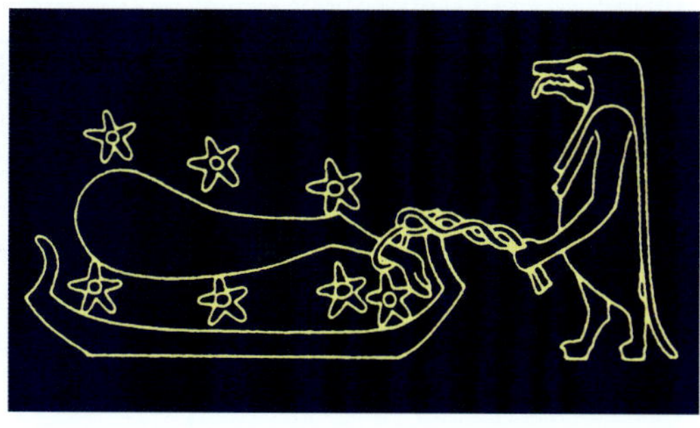

Le Dragon et la Grande Ourse (plafond de la chapelle osirienne est n°3).

- **le Cygne** et **la Lyre** sont de petites constellations de l'hémisphère Nord.
- **le Bouvier** est une grande constellation dont la principale étoile, Arcturus, est la plus brillante de l'hémisphère Nord.
- **le Petit Cheval**, situé au nord de l'équateur, est très indistinct.

Le Cygne, la Lyre, le Petit Cheval et le Bouvier.

B - Région de l'équateur

Ophiochus et le Serpent.

- **Ophiochus** et **le Serpent** chevauchent l'équateur céleste. Normalement, Ophiochus représente un homme tenant un serpent; ici, il s'agit de Rê assis tenant un sceptre, tandis que le Serpent est la barque dans laquelle siège Rê.

- **Orion** est une constellation qui domine le ciel d'hiver. De nombreux peuples ont identifié cette constellation à leurs propres héros et, en Égypte, elle est toujours représentée comme un guerrier ou un chasseur qui brandit un bâton; dès les Textes des Pyramides (vers 2300 av. J.-C.), Orion est le conducteur des étoiles dans le ciel du Sud et il est considéré comme l'âme d'Osiris.

Orion.

- **Sirius** est située à côté de la constellation d'Orion; assimilée par les Égyptiens à Sothis, elle-même image d'Isis dans la région d'Assouan, Sirius était censée annoncer la venue de la crue. Cette étoile est capitale pour les Égyptiens, elle leur permet d'axer les temples de déesses sur son lever héliaque, c'est-à-dire quand elle réapparaît juste avant le Soleil après une période d'invisibilité. Les textes égyptiens, dans leur langage archaïque, assimilent le lever de l'étoile à la naissance d'Isis et disent que *dès qu'elle a éclairé le pays, Rê s'est mis à briller pour elle*; en effet, l'étoile est très vite noyée dans les premières lueurs de l'aube. Le 16 juillet 54 av. J.-C., l'axe sacré du temple d'Hathor est déterminé d'après l'azimut du lever de Sirius à 108°40'.

Sirius.

C - Région de l'hémisphère Sud

Peu de constellations de cet hémisphère sont visibles d'Égypte.

- **Le Poisson austral** représente un poisson buvant l'eau de la jarre du Verseau, ce qui est exactement l'iconographie adoptée par les prêtres égyptiens.

Le Poisson austral.

- **La Couronne australe** constitue généralement la couronne portée par le Sagittaire. Dans le Zodiaque, elle est la barque sur laquelle sont posés les pieds du Sagittaire.

La Couronne australe.

- **Le Loup** (40° de latitude sud) est une belle constellation de l'hémisphère austral qui prend à Dendara une place non négligeable.

Le Loup.

- **Canope** (50° de latitude sud) est l'étoile la plus méridionale du planisphère osirien; située dans une riche région de la Voie lactée, elle est l'étoile la plus brillante de sa constellation, la Carène; c'est une supergéante blanc-jaune, la deuxième en magnitude après Sirius. Elle n'est pas visible en France (étant toujours au-dessous de l'horizon), mais l'est dans la partie méridionale de l'hémisphère Nord (notamment à 11° au-dessus de l'horizon à Dendara). Elle est très brillante l'hiver et disparaît au petit matin. Dans le texte du Zodiaque, elle est *l'étoile visible* et est assimilée à Osiris; Canope, à l'automne, pendant les mystères d'Osiris, est bien visible et le cède de peu en brillance à Sirius. Elle doit donc figurer graphiquement sur le bloc en grès et je lui attribuerais volontiers le faucon royal situé entre Orion et Sirius, comme y incite sa place majestueuse entre les deux autres éléments cités dans le texte hiéroglyphique.

Canope.

D - Les décans

Les décans courent tout autour du ciel tel qu'il vient d'être décrit. Le ciel de 360° a été divisé artificiellement en 36 secteurs de 10° qui comportent des groupes d'étoiles différents, dont chacun, par son lever héliaque, indique pendant 10 jours la dernière heure de la nuit. Les 36 personnages ou animaux portent un nom et un nombre différents d'étoiles: ils figurent les étoiles qui se lèvent la nuit selon des positions bien connues et qui déterminent les heures nocturnes. Le premier décan est placé comme il convient au-dessous de Sirius, l'étoile qui annonce une nouvelle année et la venue de la crue. Le deuxième est derrière lui, observant ainsi la marche apparente des étoiles, d'est en ouest, comme les aiguilles d'une montre.

Les Égyptiens ont observé le ciel depuis toujours et l'astronomie fait partie des sciences réservées aux prêtres. Cependant, l'iconographie zodiacale fut empruntée aux Babyloniens, tout comme les horoscopes astrologiques. La part exacte de l'influence babylonienne et le rôle d'intermédiaire des Grecs ne sont pas aisés à déterminer; quoi qu'il en soit, les astronomes ont pleinement assimilé l'existence et le déplacement des corps célestes, ainsi qu'en témoignent le Zodiaque de Dendara et les différents papyrus consignant les pauses planétaires ou l'ordonnance des étoiles.

Pour les Grecs, les Égyptiens étaient des théoriciens hors pair; ils adoptèrent d'ailleurs le découpage de l'année en 365 jours et celui du jour en 12 heures. Leur plus grand astronome fut Claude Ptolémée qui vécut à Alexandrie au deuxième siècle après J.-C.; il écrivit une présentation générale des connaissances antérieures (notamment le premier catalogue d'étoiles, dressé par Hipparque) avant d'apporter sa propre contribution connue sous le nom d'*Almageste* (catalogue des étoiles et modélisation mathématique du mouvement des astres) et son *Tétrabible* (manuel d'astrologie).

Les Poissons, Mars, le Verseau et quelques décans (plafond du pronaos du temple d'Hathor à Dendara).

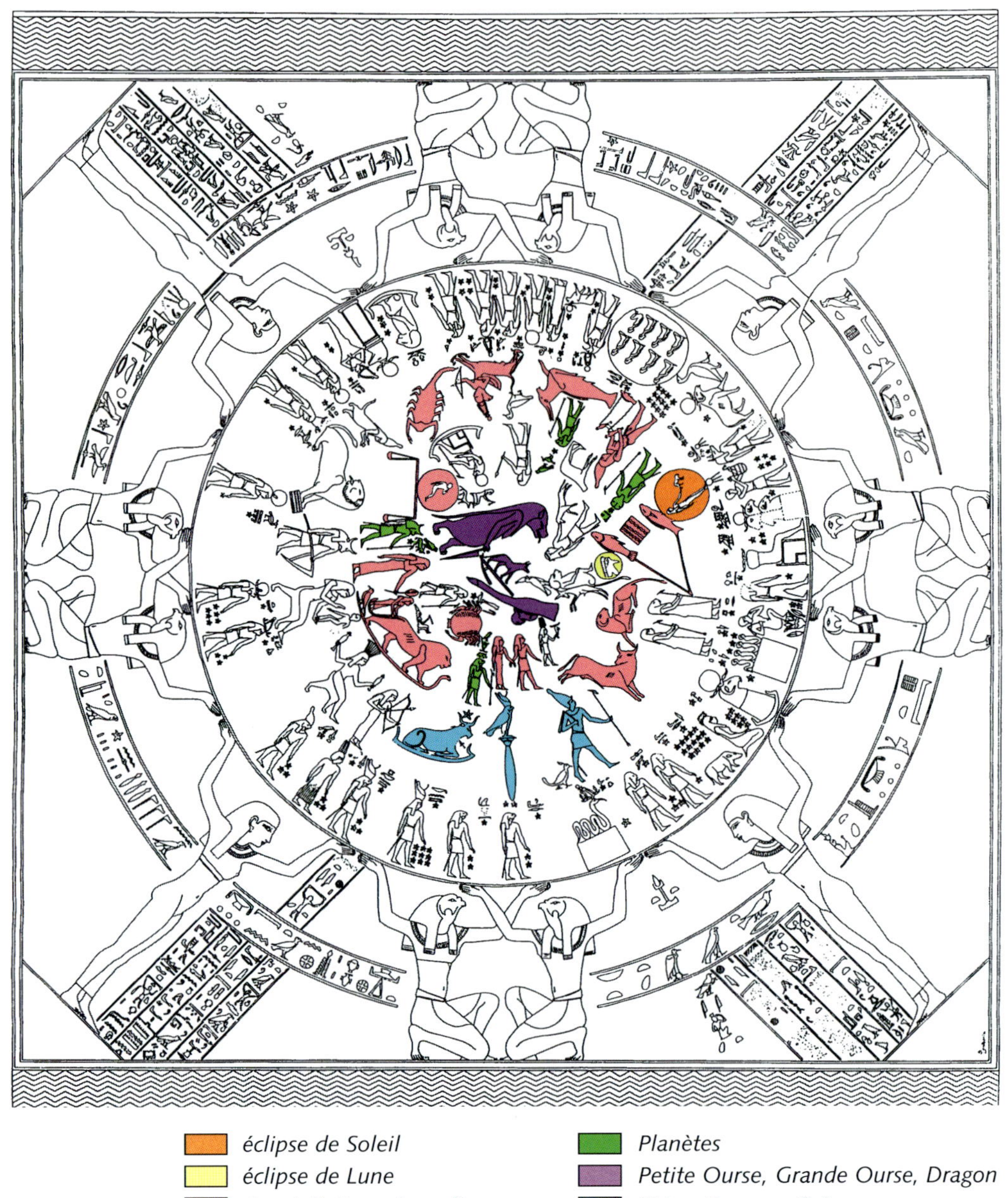
éclipse de Soleil
éclipse de Lune
Constellations du zodiaque
Planètes
Petite Ourse, Grande Ourse, Dragon
Sirius, Canope, Orion

LES MYSTÈRES D'OSIRIS

LES FORCES DU BIEN: OSIRIS

ILS TRANSPORTÈRENT LE COFFRE JUSQU'AU FLEUVE ET LE LAISSÈRENT DESCENDRE VERS LA MER.
(PLUTARQUE, *ISIS ET OSIRIS* 13)

Osiris a vaincu les forces du mal incarnées par son frère Seth. Mieux, il a triomphé du temps et de l'espace: pour nous, comme pour les Anciens, il est le plus populaire des dieux égyptiens; il touche toujours l'âme humaine, incarnant à lui seul la bonté, l'équilibre et la perfection de la religion égyptienne. Par ailleurs, en spiritualisant et en intellectualisant Osiris, les prêtres égyptiens non seulement ont sauvé de l'oubli *Celui dont la perfection existera éternellement,* mais ils lui ont donné la survie métaphysiquement justifiée qu'il garantissait à ses fidèles; son nom continue à être prononcé, il est *vivant pour toujours et à jamais.*

Paradoxalement, la légende d'Osiris, telle qu'elle est communément racontée, n'est pas transmise par les textes égyptiens mais recueillie – et peut-être retravaillée – par Plutarque, un auteur grec qui écrit vers 100 ap. J.-C. (soit un siècle et demi après l'achèvement des chapelles osiriennes de Dendara): d'après lui, Seth fit assassiner son frère Osiris et on plaça celui-ci dans un coffre jeté à la mer et bientôt échoué en Phénicie; leur sœur Isis le recueille, mais Seth retrouve le coffre et dépèce le corps en quatorze morceaux qu'il disperse dans tout le pays. Alors commence la grande «quête» d'Isis à la recherche de tous les membres du corps divin. Ce qui reste de trois mille ans de littérature indigène ne nous livre que quelques bribes de cette histoire tragique: on mentionne un «grand malheur» qu'a subi la personne d'Osiris du fait de Seth; Isis doit rechercher les reliques de son frère et époux.
Osiris est le descendant de Rê (= le Soleil), le fils aîné de Geb (= la Terre) et de Nout (= le Ciel), il crée de son corps tout ce

qui est créé. Maître de l'éternité, il régnera à jamais, se régénérant régulièrement comme la Lune, parcourant le ciel comme Orion, brillant comme Canope. Osiris a constamment et conjointement deux natures, humaine et divine, terrestre et céleste.

Absolu est son pouvoir sur la survie et la régénération des hommes après leur mort: l'existence tant terrestre qu'éternelle dépend de lui. Il garantit la vie du pays par la décomposition de son propre corps qui se transforme en crue féconde: les vivants se nourrissent ainsi de ses humeurs.

Ses noms sont infinis, ils évoquent son intégrité retrouvée (*Celui-dont-les-membres-sont-réunis)*, sa perfection (*La-Perfection-existe-éternellement*) ou son autorité sur le monde des morts (*Celui-qui-préside-à-la-nécropole, Celui-qui-préside-au-monde-infernal*).

Dans chaque lieu d'Égypte, il est invoqué en fonction de sa spécificité locale, moteur de la crue à Éléphantine/Assouan, roi enfanté à Thèbes, astre enterré à Héliopolis, etc.:

> *Si tu es à Éléphantine, tu fais couler la crue de tes humeurs, ta sœur Sothis la fait s'écouler en son temps.*
>
> *Si tu es à Thèbes dans la Souveraine-des-capitales-des-dieux, ton lieu de prédilection où tu as été enfanté, tu es le roi de Haute Égypte qui coiffe la couronne blanche.*
>
> *Si tu es à Héliopolis dans ton Ciel d'Égypte, tu viens en tant qu'oiseau-âme et phénix sur ton effigie aux cris de lamentation des pleureuses.*

Au cours des mystères présidant à sa résurrection, Osiris se présente avant tout comme une momie à la tête en lapis-lazuli, à la barbe longue et couverte de nombreuses parures.

Cependant, sa nature propre est inconnaissable et sa représentation véritable est dérobée même aux dieux:

> *Sokar-Osiris, le grand dieu dans Busiris, coiffé de la couronne blanche, le maître des uræus, la momie vénérable, le maître de la perruque, celui au bandeau noir, à la tête en lapis-lazuli, à la forme parfaite, riche de parures, dont la statue est magnifique, dont l'amour est doux, dont la manifestation est sacrée, dont la vie se renouvelle, pour le ka duquel on a inauguré la présentation des offrandes, l'image de Rê sur le trône, qui resplendit dans la barque de Sokar, le grand dans la nécropole, le seigneur de l'éternité, dont la forme est inconnue, qui repose sur son lit d'apparat.*

Les descriptions d'Osiris sont toutes de détails concrets ou de notations matérielles, mais l'essence même du dieu échappe largement. Osiris est un être qu'il faut avant tout protéger: il est le Bien, qui n'existe vraiment et qui ne prend tout son sens que par une lutte quotidienne contre le Mal, à savoir Seth.

LES FORCES DU MAL: SETH

TYPHON NE NAQUIT NI AU BON MOMENT NI PAR LE BON ENDROIT, MAIS BONDIT HORS DU FLANC DE SA MÈRE EN LE DÉCHIRANT D'UNE POUSSÉE.
(PLUTARQUE, *ISIS ET OSIRIS* 12)

L'ensemble des textes consacrés à Osiris donne de celui-ci l'impression d'un être divin en perpétuel danger; on ne connaît qu'une seule cause du mal – sans en percevoir exactement l'origine –, les moyens de défense sont multiples.

Seth (=Typhon) est, comme Osiris, le fils de Nout, mais le *fils vil*. Il possède un corps, une âme, une forme divine, un cadavre, une ombre, toutes apparences qui doivent disparaître sur terre, eau et montagne. Il a souillé le pays et regardé le cadavre alors qu'il ne doit pas avoir accès aux mystères; il a enfreint la loi des lois et il commet des actes sacrilèges; il est en perpétuelle

rébellion et suscite le combat, il fait le mal, il vient avec violence, mais on ne dit jamais expressément qu'il a tué Osiris.
Seth est généralement exécuté au petit matin – tué au couteau ou percé de flèches; il est massacré à la porte ou à l'extérieur de la chapelle d'Osiris. Tête, mains, jambes sont coupées; il est dépecé membre à membre, sa peau est détachée pour être transformée en siège ou en paire de sandales; son cœur et ses mâchoires sont arrachés, son nez et sa langue coupés; on lui retire le souffle, son gosier est obstrué, sa bouche est scellée et il ne reparlera plus. Les morceaux de Seth sont mangés par les bourreaux ou donnés aux loups.
Le nom de Seth est damné, retranché du ciel, de la terre, du monde infernal, du pays, d'entre les dieux; plus d'une trentaine d'appellations décrivent l'aspect maléfique du dieu; en voici quelques-unes: *Celui dont le nom est malheur, le Calamiteux, le Damné, la Femmelette, le Fils-manqué, le Fils-maudit, le Furieux, l'Insensé, le Malfaisant, le Mauvais, le Menteur, le Misérable, le Terrible, le Terrifiant, le Violent, le Voleur.*

Mais Seth est à ce point indispensable à la marche du monde que les prêtres lui ont trouvé une place dans la voûte céleste, il est la Grande Ourse matérialisée par la patte antérieure du taureau jetée dans le ciel. Le mal perturbe, au ciel comme sur terre, l'ordre des choses; Isis, sous la forme de la déesse hippopotame (en réalité la constellation du Dragon), doit maintenir la Grande Ourse dans le ciel du Nord pour l'empêcher de se rendre dans le ciel du Sud où se trouve Osiris-Orion.
La Grande Ourse figure dans le Zodiaque et la patte du taureau a été découpée dans la cour qui précède la chapelle où il était encastré. Le taureau est enchaîné et découpé en morceaux que l'on présente à Osiris.

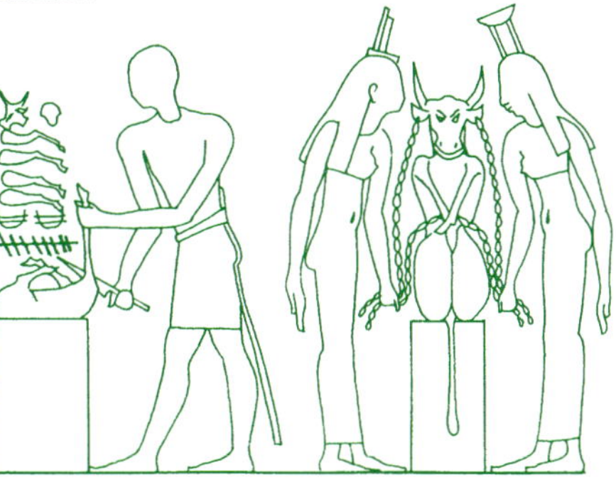

Le massacre rituel du taureau.

Le massacre de l'âne.

Isis qui tient le taureau récite le texte suivant:

> *Seth est abattu, le taureau de sacrifice est abattu. Le sang coule par terre de son cœur, l'ennemi est découpé dans le lieu d'internement du dieu. Le boucher est penché sur lui en tournant la tête vers lui, il place son bras sur lui: Seth n'existe plus. Il lui tranche la tête, il lui découpe les pattes avant, il lui arrache le cœur. Tous les hommes se réjouissent de le voir massacré: venez, regardez cela, buvez son sang, ses chairs sont dépecées, il est découpé membre par membre!*

Ce massacre précède la grande procession au cours de laquelle le dieu mort se réveille de sa léthargie: c'est une manière très égyptienne de débarrasser les lieux du mal en installant une pureté absolue.

L'image séthienne par excellence, à Dendara, est l'âne; l'animal est embroché, dans la posture de l'ennemi attaché à un pieu, le corps percé de couteaux, massacré ou grillé dans un brasero dans l'angle de la porte de la chapelle secrète.

LE DISPOSITIF DE PROTECTION

Quant à la puissance de Typhon, affaiblie, écrasée, elle a encore des sursauts d'agonie. (Plutarque, *Isis et Osiris* 30)

Pour parer à la malfaisance séthienne, les prêtres ont conçu un arsenal de forces protectrices, représentations (dieux armés de couteaux ou d'arcs) et textes suivis ou simples locutions; le **mot** est fondamental pour les Égyptiens, il est chargé d'un pouvoir magique. Il s'en trouve pour le moins une centaine: chacun, porteur de destruction et de mort, repousse individuellement les forces du mal. Voici un exemple de cette exubérance imaginative et verbale dont les Égyptiens ne se lassaient pas, variant les vocables et associant les sonorités:

> *Je fais la défense de la chapelle de la tombée de la nuit jusqu'à l'aube en éloignant les ennemis au moment du disque d'argent (= la Lune).*

Je protège ta place de toute chose mauvaise en veillant de la tombée de la nuit jusqu'à l'aube, je coupe le nez du Malfaisant avec mon couteau.

Je livre le Calamiteux à l'action purificatrice de la torche de cire, tous ses membres sont réduits en cendres.

Je tranche la tête du taureau roux, je la jette, son cœur est livré au grand feu. Je dépèce le Malfaisant membre par membre avec un couteau d'obsidienne.

J'arrache le cœur de celui qui complote contre son maître, l'Insensé est découpé, il n'y a plus de souffle dans tout son corps.

Je brise les mâchoires de Seth; quant à son sang, je le bois comme rafraîchissement dans ma gorge.

Je consume l'âme du Malfaisant, je calcine son ombre.

Je découpe le Malfaisant renversé sur son dos, il tombe à terre; les dents des génies-émissaires sont aiguisées: Venez, mangez ses chairs, buvez de son sang.

Seth est anéanti dans les nomes divins, je massacre son corps, je bois son sang à l'extérieur de chaque ville d'Osiris.

Le Lion dont les pattes sont vigoureuses, qui repousse celui qui vient en voleur, dont le regard détruit, qui chasse la rébellion, qui veille la nuit afin de repousser celui qui vient avec violence, qui ouvre les mâchoires pour le saisir, qui mange le corps du Misérable.

Des collèges de génies protecteurs épaulent ces dieux individuels; certains viennent des capitales de chaque région, bons génies qui se rendent à Dendara pour protéger Osiris. Grande est la richesse d'informations qu'apportent à l'égyptologue les inscriptions décrivant ces déités inquiétantes; ainsi, le représentant d'Abydos porte le nom des deux grands rois de la première dynastie, Djer et Den; ces pharaons morts depuis trois mille ans étaient transformés au fil des siècles en protecteurs des lieux saints et leur tombeau devint rapidement un lieu de pèlerinage.

Les portes, les fenêtres, les couloirs – en un mot, les zones de passage – sont particulièrement protégés, l'objectif principal étant d'interdire l'accès aux chapelles. D'autre part, certains dieux sont préposés à la garde d'une heure précise et d'un jour fixé du mois:

> *Je brûle tes ennemis par le souffle brûlant qui sort de ma bouche le jour des Offrandes sur l'autel* (= 5^e^ jour lunaire) *au moment de Celle qui brûle* (= 5^e^ heure du jour).
>
> *J'abats le Calamiteux avec le couteau brandi dans mon poing le jour du Quartier de Lune* (= 7^e^ jour lunaire) *au moment de Celle qui châtie* (= 7^e^ heure du jour) *: il n'ira plus vers la place d'Osiris.*
>
> *Je tue l'Insensé la nuit, le jour de la Pleine Lune* (= 15^e^ jour lunaire), *au moment de Celle qui éloigne le mal* (= 3^e^ heure de la nuit).

LA NAISSANCE D'OSIRIS

LE PREMIER JOUR NAQUIT OSIRIS… UNE VOIX ANNONÇA: «LE MAÎTRE DE TOUTES CHOSES VIENT AU JOUR». (PLUTARQUE, *ISIS ET OSIRIS* 12)

C'est à Thèbes qu'Osiris naquit humainement du ventre de Nout: à la nouvelle capitale religieuse il fut réservé une place de premier choix dans le mythe osirien. De cette conception se créa une 'géographie natale', de Thèbes aux grandes villes situées au nord de la Capitale, du premier au cinquième jour de l'année: Osiris sort le premier du ventre de sa mère à Thèbes, suivi d'Haroéris à Qous, de Seth à Ombos, d'Isis à Dendara et de Nephthys à Diospolis.

La naissance thébaine est abondamment décrite – plus que nulle part ailleurs en Égypte – dans tous les textes des chapelles osiriennes. La gestation du dieu est représentée comme se déroulant dans un moule, image et substitut du ventre divin.

La gestation d'Osiris: le moule-utérus.

Les quatre déesses symbolisant les points cardinaux portent la cuve dans laquelle est déposé le moule, tout comme elles portent la voûte céleste. À chaque angle du moule figurent un vautour et un uræus, comme il est prescrit dans les textes sacrés (dans une représentation en plan, ils sont superposés); les dimensions indiquées sont celles-là mêmes de l'antique texte décrivant les mystères de khoiak. Le «travail» se fait symboliquement dans le ventre de Nout:

Ô Osiris, ta mère Nout est enceinte de toi,
elle prend soin de ton embryon à l'intérieur de son ventre,
elle façonne harmonieusement tes os,
elle donne la jeunesse à ton corps,
elle donne la vie à ta peau pour tes membres,
elle dilate tes vaisseaux pour ton sang.
Ta couronne blanche et l'uræus sont installés sur ton front, elle te retire du moule et te met à nouveau sur terre
comme elle t'a mis au monde à Thèbes,
elle donne la jeunesse à ton corps, tu redeviens jeune,
elle te donne la jeunesse en ton temps de l'année.

Toutes les étapes sont décrites: la déesse est enceinte, l'embryon (*l'œuf*) est à l'abri dans son ventre; ses os, sa peau et ses vaisseaux sanguins se développent; la comparaison est toujours centrée sur les rites végétaux (voir p. 49). Puis Nout le retire du moule, de même qu'elle avait mis au monde le dieu lui-même à l'origine dans Thèbes.

Dans la chapelle sainte de Dendara, il s'agit d'une création tout à la fois végétale, terrestre et humaine; la conception invisible, céleste et divine, est représentée dans une chapelle placée à l'ouest. La déesse Nout y occupe tout le plafond, éclairant un personnage qui fait une sorte de roulade arrière: Osiris en position fœtale.

Osiris en position fœtale dans le ventre de Nout (plafond de la chapelle ouest n°2).

LA RENAISSANCE VÉGÉTALE: LES MYSTÈRES DE KHOIAK

LES PRÊTRES VERSENT DANS LE COFFRET D'OR UN PEU D'EAU DOUCE… UN GRAND CRI MONTE DE L'ASSISTANCE: «OSIRIS EST RETROUVÉ». (PLUTARQUE, *ISIS ET OSIRIS* 39)

L'essence d'Osiris est divine, sa nature, quasi humaine: mis au monde selon la loi des mortels, il meurt réellement, il est embaumé puis vit d'une vie éternelle dans le monde infernal et l'universalité du cosmos. La mort est la porte de la survie, la création symbolique et matérielle, le nouveau maillon du cycle osirien; le simulacre végétal est simultanément le garant de la prospérité des moissons.

Au quatrième mois de l'année (appelé *khoiak*), pendant la saison de l'inondation, on célébrait dans toute l'Égypte la résurrection du dieu sous les espèces d'une figurine en orge; on la

faisait pousser dans un moule en forme de silhouette osirienne, puis, une fois solidifiée, on la traitait comme une momie en lui appliquant le rituel de l'embaumement (onction et emmaillotement). Nous connaissons tous les détails de ces «mystères» grâce au texte gravé en cent cinquante-neuf colonnes d'hiéroglyphes, tel un immense papyrus déroulé, dans une des cours osiriennes de Dendara. Ce «grimoire» vénérable fait état du matériel utilisé, des dieux présents aux festivités et, enfin, donne un calendrier qui décrit, jour par jour, les actes rituels dont de nombreuses villes d'Égypte étaient le théâtre. Le traité est divisé en sept livres, commençant chacun par les mots: *Connaître le mystère de...* Le dernier permet de *Connaître le mystère que l'on ne voit pas, dont on n'entend pas parler et que le père transmet à son fils.*
Deux figurines étaient façonnées, l'une d'Osiris – en orge – et l'autre de Sokar (un Osiris à tête de faucon), composées de matières odorantes et de pierres précieuses pulvérisées.

Le moule de 52,5 cm de long est composé de deux parties (comme ceux qui sont employés pour les statues); l'orge germe du 12 au 21 du mois de khoiak. Le moule d'Osiris est placé dans une cuve dont voici la description: *Quant à la cuve, qui est faite en grauwacke, elle a la forme d'un bassin posé sur quatre supports, selon ce modèle qui est en dessin. Sa longueur est de 1 coudée, 2 palmes* (= 67,5 cm), *sa largeur, de 1 coudée, 2 palmes* (= 67,5 cm), *sa profondeur, à l'intérieur, de 3 palmes, 3 doigts* (= 28,2 cm). *Elle porte gravée à l'extérieur en dessin la représentation du travail de la cuve et les dieux protecteurs d'Osiris de la cuve, avec sur elle un couvercle de cèdre.*

Le moule d'Osiris.

Les caractéristiques rituelles propres à chaque grande ville sont indiquées, ainsi pour Busiris, grand sanctuaire osirien du Delta: *Quant à ce qui est fait à Busiris, on l'exécute le 12 khoiak, en présence de Chentayt, avec de l'orge et du sable. Mettre dans la cuve. Ajouter de l'eau, chaque jour, au moyen d'une situle d'or en récitant sur elle les formules intitulées «Verser l'eau sur les humeurs». Les dieux protecteurs de la cuve la protègent jusqu'au 21 khoiak. Retirer de la cuve. Donner la forme d'une momie coiffée de la couronne blanche, avec de la myrrhe sèche. Lier avec quatre cordelettes de papyrus. Mettre à sécher en exposant au soleil tout le jour.*

Le 21, on retire du moule les deux moitiés de la figurine qui sont alors liées avec de l'encens, entourées de quatre cordelettes et séchées au soleil: on obtient ainsi une momie en orge de 52,5 cm de longueur (rappelons que cette taille est celle même de l'étalon égyptien, celle de la coudée «royale»).

Ces textes éclairants… et quelque peu rébarbatifs décrivent aussi tous les objets nécessaires, les pierres semi-précieuses utilisées, les aromates, les recettes de cuisson des onguents.

Le 12 khoiak, l'orge n'est qu'un embryon qui germe; puis, devenu simulacre divin, il est embaumé à l'instar d'un corps humain. Il sera prêt le 26 du mois, soit quatorze jours après le début des rites, le temps nécessaire à la Lune pour passer de l'invisibilité à la Pleine Lune. Le 26, dans l'Égypte entière, est la fête des fêtes, elle trouve son origine à Memphis, la première des capitales et l'antique atelier d'embaumement; on y faisait faire le tour des murs à la barque divine placée sur un traîneau: cette marche liturgique observait celle du Soleil et de la Lune. Ce sera également le cas à Dendara où la procession part de l'est pour rejoindre l'ouest: le parcours férial fusionne avec le trajet cosmique. Au *matin divin*, le dieu parcourt sa ville dans l'allégresse: il a triomphé de la mort et se présente dans toute son intégrité, tout comme la Lune a traversé l'invisibilité pour triompher dans sa plénitude.

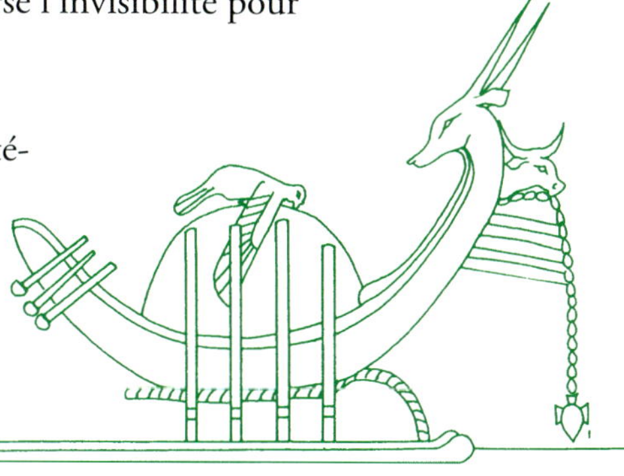

La barque de procession.

La figurine chargée de fluide divin va protéger le temple pendant un an, puis être enterrée pour laisser la place à une nouvelle. Pendant son séjour annuel dans sa tombe provisoire, le dieu *reste éveillé* dans son sarcophage, il parle, mange et reçoit les offrandes rituelles tous les dix jours; simultanément, il se débarrasse de son enveloppe terrestre pour rejoindre la voûte céleste, *il s'envole vers l'horizon en tant que Phénix et Lune*, les deux aspects sont représentés dans la cour placée devant la chapelle-tombeau. Le simulacre momifié est ainsi caché dans la chapelle mystérieuse, alors que l'aspect visible, cosmique, s'unit au firmament.

ALCHIMIE ET RECONSTITUTION DU CORPS D'OSIRIS

ILS HUMECTENT UN PEU DE LIMON, Y MÊLENT DES AROMATES ET DES GRAINES D'ENCENS PRÉCIEUX ET EN FAÇONNENT UNE FIGURINE.
(PLUTARQUE, *ISIS ET OSIRIS* 39)

Pendant des siècles, l'Égypte a fabriqué des simulacres en orge, mais, peu à peu, le rite s'est simplifié; le «grimoire» qui conserve la mémoire du passé témoigne de la complexité première face aux tableaux dépouillés. Toutefois, en 50 av. J.-C., on confectionnait encore au moins une figurine.

Dans cette scène, Chentayt – dont le nom pourrait se traduire par *la Veuve* – remplace Isis dans le rôle de grande prêtresse; elle est agenouillée devant une balance et pèse les ingrédients puisés dans les deux paniers placés devant elle. Les hiéroglyphes qui encadrent sa silhouette disent qu'*elle fait croître*

La balance sur laquelle la déesse pèse les ingrédients en présence de Khnoum et de Ptah.

l'orge par son travail secret et que, du crépuscule jusqu'à l'aube, elle transmue l'orge dont le pouvoir est magique.

Des dieux, dont la fonction est appropriée à la nature, fournissent orge, eau et onguents – ainsi Hâpy, «la crue du Nil», est chargé de l'eau. Les façonneurs des dieux et des hommes assistent Chentayt: Khnoum, le potier d'Éléphantine et Ptah de Memphis, patron des embaumeurs et des artisans dans l'antique *Temple-de-l'or*; tous deux «ouvrent» aussi les portes de la crue, le premier à la Cataracte, le deuxième à la pointe du Delta.

Oupouaout apporte les onguents et les étoffes.

Encadrant cette scène, tous les dieux des capitales d'Égypte apportent un vase contenant un morceau du pâton qui va s'agglomérer aux autres pour former la *matière alchimique*: la transmutation peut commencer.

Le processus créateur quitte peu à peu son support concret et prend une dimension mystique; subtilement, la figurine végétale, archaïque et populaire, s'efface devant la reconstitution du corps divin symboliquement opérée par les reliques apportées de tout le pays. L'action se déroule, selon les textes eux-mêmes, dans le *Temple-de-l'or*, atelier funéraire dont le prototype se trouvait à Memphis, et dans le *Sanctuaire-de-Chentayt*, du nom de la prêtresse divine qui préside au grand œuvre. L'action se déroule nuitamment, on évoque une transmutation de l'orge en or; les deux mots en égyptien sont quasi homonymes, tant phonétiquement que graphiquement; les trois graines qui suivent le premier sont caractéristiques des céréales (𓏏𓏏𓏏), les trois petits ronds du deuxième révèlent la nature métallique de la matière (ooo).

Anubis et le vase contenant une des reliques d'Osiris.

Chentayt à Osiris: *Les lambeaux de ton corps sont la représentation secrète des reliques des dieux des nomes sous leur forme propre. Je t'apporte tes capitales de nomes : c'est ton corps, c'est ton ka avec toi, Osiris. Je t'apporte ton corps, tes membres, ton âme, tes noms, tes places : ton image divine est complète.*

L'orge est en quelque sorte la pierre philosophale qui permet le passage à l'état divin: *L'embryon d'orge sert de substitut pour qu'Osiris se manifeste.* Khnoum le potier décrit son rôle: *Je veille sur l'orge, j'ajoute sans cesse de l'eau, je triture la Matière mélangée à l'orge : ce qui vient à l'existence, c'est une figurine d'orge ; tes membres sont fermes, ta mère Nout te met au monde.*

La gestation est végétale et humaine, symbolique et divine. Le pâton est *la Matière* qui, mélangée à l'orge, va alchimiquement se transmuer, non plus seulement en un simple simulacre matériel, mais au corps même du dieu. Cette Matière est aussi appelée *embryon*, un nom dérivé d'un verbe qui a deux sens, *être enceinte*, pour une femme, *être germée*, pour l'orge. Le mot essentiel est *transmuer*, processus qui d'un corps de poussière fait un *esprit glorieux*.

LE CORPS DU DIEU SYMBOLE DE TOUTE L'ÉGYPTE

Les dieux apportent de toute l'Égypte un morceau de la pâte, substitut d'un morceau du corps d'Osiris, lequel incarne le pays dans sa totalité. Dans une lecture plus allégorique, le pâton devient une relique du corps divin, et chaque dieu précise quelle partie du corps il a transportée à Dendara. À Ptah, le patron des embaumeurs, il revient de rassembler le tout: *J'apporte les reliques divines, je les reconstitue en une momie qui est préparée pour l'enterrement en sa représentation secrète dans le Temple-de-l'or.*

L'ORGE ET TON CORPS SONT LES CAPITALES DES NOMES. TES QUARANTE-DEUX NOMES, C'EST TON CORPS. (*DENDARA* X, 72 ET 83)

Le rassemblement des reliques charnelles conditionne l'intégrité du pays et la perpétuation de son monde divin, car les reliques sont *les dieux des nomes*, comme le précise le roi: *Je t'apporte les dieux des capitales: c'est ton corps, c'est ton ka qui est avec toi. Je t'apporte ton nom, ton âme, ton ombre, ta forme matérielle, ton image et tes capitales de nomes. Tout le pays conserve ta sépulture; aussi vrai que Rê vit, tu reposes chaque jour en ton nom de Celui qui vit et repose.*

Chaque dieu s'adresse à Osiris en lui disant: «Je viens auprès de toi et je t'apporte…»; il nomme alors la relique, demande à Osiris de la mettre à sa place et en précise l'action:

- La tête dispense les commandements;
- Les oreilles entendent les prières;
- Le foie assimile les grillades que sont les chairs ennemies;
- L'intestin fait son travail et nourrit les chairs;
- Les jambes permettent au dieu d'entrer dans le temple, d'en fouler le sol et d'écraser les ennemis.

> *Je t'apporte la tête divine, tu la mets sur ton cou, tu redeviens comme tu as été mis au monde à Thèbes, tu ouvres la bouche, tu dispenses les commandements aux puissances divines, tu écoutes les avis de ton fils, tu le vois sur son trône.*
>
> *Je t'apporte tes mâchoires, je les fais entrer dans ton visage, les mâchoires sont mises à leur place, les deux moitiés séparées en leur milieu.*
>
> *Je t'apporte ta relique divine, ta propre trachée qui réunit les deux parties divines (= les poumons), tu les mets dans ton corps.*
>
> *Je porte la cruche remplie des poumons, du foie, de la rate et du reste du ventre: ces quatre viscères sont les quatre parties du corps divin d'Osiris.*

> *J'apporte les 'oisillons' (= les bronches) du poumon enveloppés de la plèvre à l'intérieur de tes chairs, mets-les dans ta cage thoracique.*
>
> *Je t'apporte ta peau, elle protège ton corps, elle maintient en vie tes os, elle protège ton sang, elle rend jeunes tes vaisseaux sanguins et te reconstitue comme tu as été mis au monde à Thèbes.*

Parmi ces reliques qui affluent de tout le pays, bien peu de parties anatomiques manquent à l'appel dans ce catalogue qui procède de la tête vers les pieds:

- la tête	- les oreilles
- les yeux	- les sourcils
- les mâchoires	- la gorge
- le pharynx	- l'œsophage
- la cavité thoracique	- la trachée qui réunit les poumons
- les poumons	- les bronches des poumons enveloppées de la plèvre
- le cœur	- le ventre
- les viscères, les entrailles (*les quatre viscères sont les quatre parties du corps divin*)	
- le foie	- la rate
- l'estomac (*la poche d'or*)	- les intestins (*le grenier*)
- le dos jusqu'à la nuque	- l'omoplate
- la colonne vertébrale, le rachis, l'épine dorsale	
- la région costale	- les côtes
- l'humérus	- la tête du fémur et le fémur
- le phallus et les testicules	- les jambes gauche et droite

La peau provient de Thèbes. Le système vasculaire et les muscles ne sont pas mentionnés. Une substance liquide, non concrètement matérialisable, est en revanche citée: la lymphe, liquide intermédiaire entre le sang et les constituants des cellules; elle est décrite comme de *l'eau – sang et chairs mêlés*; quand elle s'écoule après la mort, elle devient les *humeurs sorties de l'anus*.

Certains mots, souvent pittoresques, n'appartiennent pas au vocabulaire médical; ils relèvent du langage imagé et de l'expression poétique:
- «grenier» pour désigner les intestins,
- «poche d'or» pour l'estomac,
- «chairs du cou» pour la nuque,
- sceptre 𓌀 (pour désigner le fémur dont il affecte la forme),
- conduits en forme de doigt 𓂭 pour l'air (trachée) ou les aliments (œsophage),
- «eau – sang et chairs mêlés» pour la lymphe,
- «oisillons» du poumon pour les bronches,
- «tissu végétal» pour la membrane séreuse qui entoure le poumon.

Le mot qui désigne les bronches s'applique aussi en égyptien aux *oisillons*, aux *petits* en général; un homonyme signifie *air*; les deux termes réunis conviennent assez aux bronches qui irriguent les poumons. La plèvre est désignée par le mot *herbe*, *tissu végétal*, image adéquate pour le tissu séreux de la plèvre. L'hypothèse suscite toutefois un problème délicat: les médecins égyptiens pratiquaient-ils la dissection fine – sur un sujet vivant donc –, seul moyen de reconnaître cette enveloppe ténue?

Les textes décrivent trois étapes: l'apport de la relique, sa mise en place dans le corps, son utilisation selon sa fonction propre – un processus curieusement comparable à la technique des greffes modernes. L'opération égyptienne est cependant d'ordre alchimique; la transmutation et le passage du matériel au spirituel s'effectuent par la récitation de formules que les égyptologues appellent *Glorifications*, mais qui sont proprement des *incantations alchimiques*.

Une fois réuni son corps divin, Osiris, selon la nécessité millénaire, devient le Grand Tout: il est les dieux, il est le Nil, il est l'Égypte, il est la Vie.

L'EMBAUMEMENT DU CORPS D'OSIRIS

ILS REMPLISSENT LE VENTRE DE MYRRHE PURE BROYÉE, DE CANNELLE ET DE TOUS AUTRES AROMATES... ILS ENVELOPPENT TOUT SON CORPS DE BANDES TAILLÉES DANS UN TISSU DE LIN. (HÉRODOTE, *HISTOIRES* II,86)

Le simulacre en orge une fois réalisé et la naissance symbolisée, les prêtres embaument sans transition la figurine; sa vie «terrestre» se borne à une procession nautique sur le lac sacré. Dans le drame qui se joue dans ces chapelles où, sans cesse, Osiris est protégé contre Seth, la mort du dieu n'est nullement mentionnée. Il n'en faut pas moins bannir tout risque et suivre la coutume: la survie passe par les rites funéraires.
Deux des six chapelles (voir p. 66-67), les plus secrètes, abritent l'embaumement du dieu. L'une d'entre elles est située juste au-dessus du Laboratoire, local «technique» du temple; elle est ainsi parfumée par les onguents entreposés plus bas. L'autre chapelle, dans laquelle s'achève l'opération, est placée au-dessus du Trésor, «coffre-fort» des parures divines; le Trésor joue le même rôle que le Laboratoire, il envoie des ondes bénéfiques qui accroissent la valeur protectrice des amulettes fixées entre chaque bandelette. Un des tableaux reproduit la panoplie des amulettes osiriennes: *Connaître les cent quatre amulettes d'or et de toutes pierres précieuses véritables, elles sont apportées au Temple-de-l'or pour la protection de ce dieu vénérable lors de sa belle fête de l'enterrement de sa momie.*

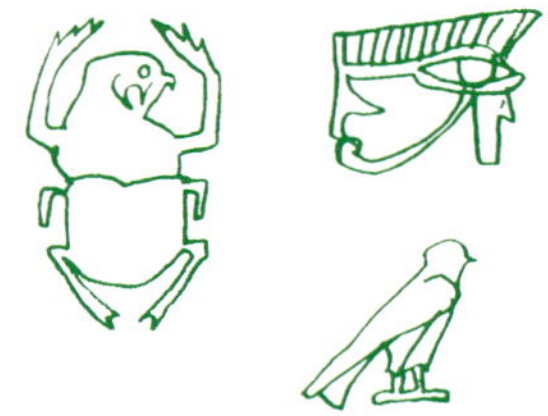

Quelques amulettes d'Osiris.

Cent quatre amulettes donc protégeaient le dieu tout au long de l'année qu'il passait dans le temple; or, lapis-lazuli, jaspe, hématite, turquoise, faïence, schiste: toutes étaient destinées à une place particulière (par exemple, le scarabée sur le cœur), chacune possédait un pouvoir particulier – la momie de Toutankhamon, ainsi, portait encore autour du cou diverses amulettes, la plupart en or.

Des prêtres-acteurs récitaient les formulaires, des groupes statuaires servaient de support matériel (des siècles plus tard, les miracles et les mystères médiévaux mettent en scène la Passion). Les tableaux gravés sur les parois donnent les dimensions et la matière des statues, Anubis est l'embaumeur, les déesses sont les pleureuses.

L'embaumement d'Osiris.

Deux statues d'Anubis, à tête de chacal, procédaient fictivement aux rites; l'une, de 78,8 cm de haut, le représente les deux mains levées sur Osiris, paumes ouvertes; l'autre, de 52,5 cm de haut, le montre tenant un vase à onguents et posant une main sur le corps d'Osiris:

- *Anubis, fils d'Osiris, embaume les reliques de son père dans l'atelier d'embaumement le jour de l'enterrement de sa momie.*
- *Anubis, l'embaumeur, emmaillote son père Osiris dans l'atelier d'embaumement et prépare son corps avec son étoffe.*

On prescrit le nombre de deuillantes qui devaient appartenir aux familles sacerdotales:

> *Introduire pleureuses et éplorées dans le temple – deux femmes à la fois, huit femmes en tout –, qu'elles fassent les purifications qui leur incombent, que les quatre groupes de deux pleureuses entrent le septième jour après les sept premiers jours écoulés: elles se tiendront à l'intérieur de la porte de la cour avec l'entourage divin.*

Les textes décrivent leur rôle:

> *Les pleureuses se lamentent sur Celui dont le cœur est fatigué (= Osiris) avec un cri qui monte au ciel, avec une puissante lamentation qui descend au monde infernal en disant: «Soyez dans la tristesse et le malheur, hommes! Gémissez et lamentez-vous, femmes!»*

Le premier rôle est tenu par Isis, sœur et épouse d'Osiris, elle *pousse des cris de lamentation sur le grand dieu, elle coupe ses cheveux, elle se lamente dans la terre entière; elle crie de douleur à cause de la mort de son frère, elle est la pleureuse des pleureuses qui se lamente pour lui avec affliction, ses paupières sont brûlées de larmes, ses yeux sont remplis de pleurs.*

Harsiesis, fils d'Osiris et d'Isis, assiste Anubis; le temple en possédait une statue en bois de 80 cm de haut environ; un officiant disait pour lui:

> *Mon cœur laisse libre cours à ses pleurs, mon œil rempli de pleurs n'est pas sec pour toi, je me lamente pour toi, le ciel et les dieux crient pour toi lors de la fête d'Osiris-Lune; mon père, il s'envole vers l'horizon, je crie d'une voix forte, avec un cri qui monte au ciel, avec des cris de désespoir qui descendent au monde infernal, avec des gémissements plaintifs.*

Les statues de pleureuses, en bois, présentent diverses iconographies: debout, une main à la tête ou les bras le long du corps, d'une hauteur variant de 52,5 à 123,8 cm; les statuettes en or sont de taille plus modeste, de 28,2 à 67,5 cm. Les pleureuses agenouillées ont diverses attitudes, elles se tiennent le poignet, ont les mains sur la poitrine, sur les cuisses; les paumes sont tournées vers le haut, vers le sol ou bien posées sur les genoux. Ces effigies provenaient de villes diverses, dont Abydos, Busiris, Héliopolis ou Memphis; pour les fêtes d'Osiris, certains sanctuaires envoyaient probablement aussi une statue.

Les pleureuses d'Osiris.

Différents dieux, dont *les Fils d'Horus*, apportent les plantes médicinales, les sept huiles canoniques et les bandelettes aux couleurs consacrées (blanche, rouge, verte et violette); des étoffes sont également envoyées de toute l'Égypte, elles portent des noms évocateurs comme *Celle qui rend élégant le corps* ou mythologiques comme *Celle qui instille la crainte de Bastet*.

La résurrection est décrite de façon prosaïque, les prêtres se placent sur un plan plus mythologique que religieux et les hymnes s'apparentent davantage à un 'missel' qu'à une réflexion métaphysique. Les textes sont à la fois très simples et très riches; innombrables, en effet, sont les allusions aux croyances religieuses et aux traditions anciennes du pays entier et tout aussi foisonnants les rites évoqués et les dieux oubliés rappelés à l'existence.

LE REPOS ÉTERNEL D'OSIRIS AUPRÈS DE SON PÈRE RÊ

OSIRIS SE POSE SUR SON EFFIGIE SOUS LA FORME D'UN PHÉNIX; IL EST RÉUNI AU PÈRE DE SES PÈRES DANS LE TEMPLE-DU-PHÉNIX À HÉLIOPOLIS. (*DENDARA* X, 288 ET 405)

Beaucoup de villes proclament qu'elles détiennent le corps divin, celui-ci repose «officiellement» à Héliopolis, à côté de son père Rê. Quid, par ailleurs, des figurines? Où ont-elles été inhumées? Rarissimes sont celles – images précieuses du dieu – qui ont été retrouvées. Or, au rythme d'une – ou deux – par an, dans toutes les capitales régionales, voire dans tous les sanctuaires, il est difficile d'échapper à la conclusion qu'il s'en trouve en grand nombre dans une nécropole «de substitution» – encore inconnue. Si celle d'Héliopolis est irrémédiablement perdue, enfouie sous la ville moderne, celle de Karnak, qui vient d'être exhumée, n'offre malheureusement que des logements vides.

D'après les représentations de Dendara, on peut avancer à titre d'hypothèse que trois images étaient fabriquées, une pour Abydos, une autre pour Héliopolis, la troisième pour Dendara. Un relief montre le corps du dieu porté par Isis, Nephthys et Nout; il mentionne le repos éternel dans la capitale solaire: ce pourrait être un témoignage authentique – et non symbolique – de l'ultime voyage à Héliopolis.

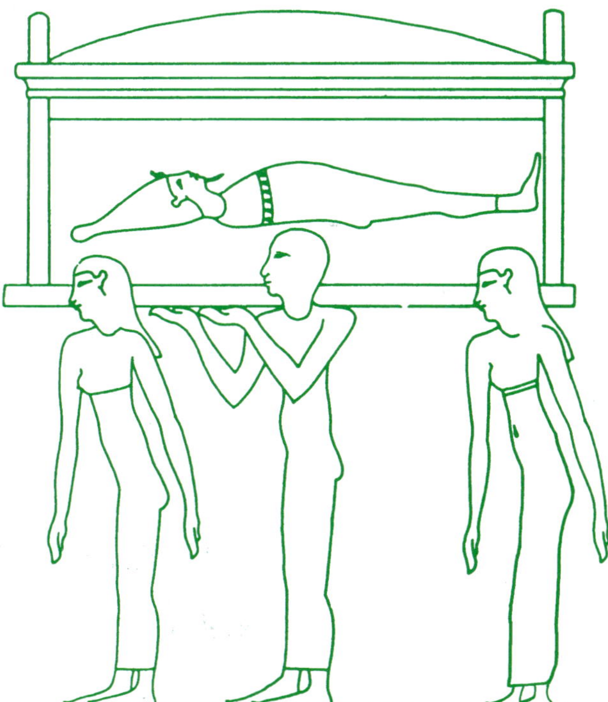

Le corps d'Osiris porté à Héliopolis.

LE MUSÉE DES OSIRIS

ABYDOS EST LE LIEU DE SÉPULTURE LE PLUS RECHERCHÉ DES ÉGYPTIENS... QUI S'HONORENT D'ÊTRE ENSEVELIS AU MÊME ENDROIT QUE LE CORPS D'OSIRIS. (PLUTARQUE, *ISIS ET OSIRIS* 20)

Le grand dieu qui prend place dans Iounet est l'Osiris «officiel» de Dendara; mais il est, à travers tous ses autres noms, modelé à l'image du glorieux Osiris d'Abydos; patrie du dieu, nécropole des premiers rois d'Égypte, la ville a joué un rôle prépondérant dans la vie religieuse du pays, comme lieu de pèlerinage, par exemple, et théâtre de grandes fêtes à caractère national: à Dendara, on a recopié, douze siècles après l'original(!) les figures osiriennes que l'on peut encore voir dans le magnifique temple de Séthi Ier.

Osiris d'Abydos représenté à Dendara.

Le fugace moment de grâce artistique de jadis est passé, néanmoins le parallélisme des deux images prouve que les tableaux qui ornent les chapelles osiriennes de Dendara ne sont pas de pure imagination, mais que les prêtres «documentalistes» ont cherché – et trouvé – dans leurs bibliothèques les idoles spécifiques de chaque ville qu'ils voulaient honorer.

C'est ainsi encore que, à Silé, une ville du nord-est du Delta près de Tanis, l'originalité d'Osiris était de se manifester sous la forme d'un scarabée. Or, l'insecte sacré sort de la tête d'Osiris à Abydos, il s'envole sous la forme d'un scarabée ailé à Silé, puis se rend sous la même forme, pour un repos éternel, à Héliopolis.

Osiris de Busiris.

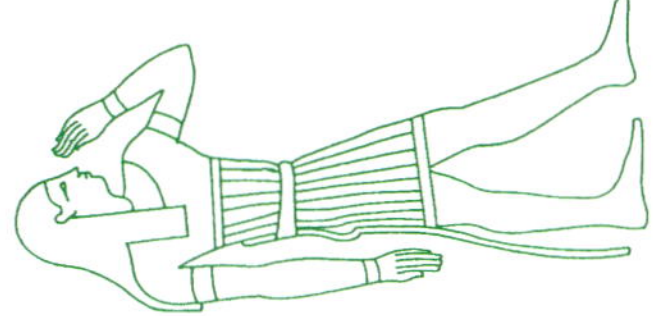

Osiris de Thèbes.

Osiris sous la forme d'un scarabée à Silé.

Le texte décrit en fait un bijou de vingt-six centimètres de long en silex et faïence… comme on peut en voir au musée du Caire.

Le site de Dendara.

LE LIEU DES MYSTÈRES: PRÉSENTATION DES CHAPELLES OSIRIENNES

Les temples se déploient… dans l'ombre de cryptes obscures et comportent des salles ressemblant à des chambres funéraires. (Plutarque, *Isis et Osiris* 20)

Tous les grands temples accueillaient Osiris: Karnak, Philæ, Edfou, etc. À Philæ et dans le temple d'Hibis (dans l'oasis de Khargah), les lieux des mystères sont placés sur le toit comme à Dendara. Les rites héliopolitains prévoyaient l'adoration de l'astre lunaire sur le toit d'un édifice sacré, le dieu était ainsi irradié par sa propre lumière astrale.

À Dendara, de chaque côté du toit, se trouvent trois chapelles: la première est une cour à ciel ouvert, la chapelle médiane possède des fenêtres, la dernière est obscure car elle abrite le mystère du dieu. Le nom le plus courant pour cet ensemble est *Sanctuaire-où-est-enseveli-Osiris*.

1 Les cours (chapelles est et ouest n° 1)

Les cours à ciel ouvert, donnant sur le toit du temple et le monde extérieur, constituent le lieu par excellence où l'Égypte entière se livre à l'allégresse universelle que suscite la renaissance d'Osiris. L'une, à l'est, est le point de départ, l'autre, à l'ouest, le terme des processions. Parmi ces dernières, celle qui marque l'apogée des mystères d'Osiris, le 26 khoiak, a lieu au *matin divin*: la barque portant le vieux roi part de la chapelle est, contourne le toit et passe par le sud (comme le Soleil); le souverain est ressuscité à l'ouest sous la forme de Pleine Lune, roi de la nuit et des morts. Auparavant, le pouvoir royal a été transmis à l'héritier: le trône d'Osiris ne peut être vacant.

Vue aérienne de Dendara. (la flèche indique la position des chapelles osiriennes sur le toit du temple d'Hathor).

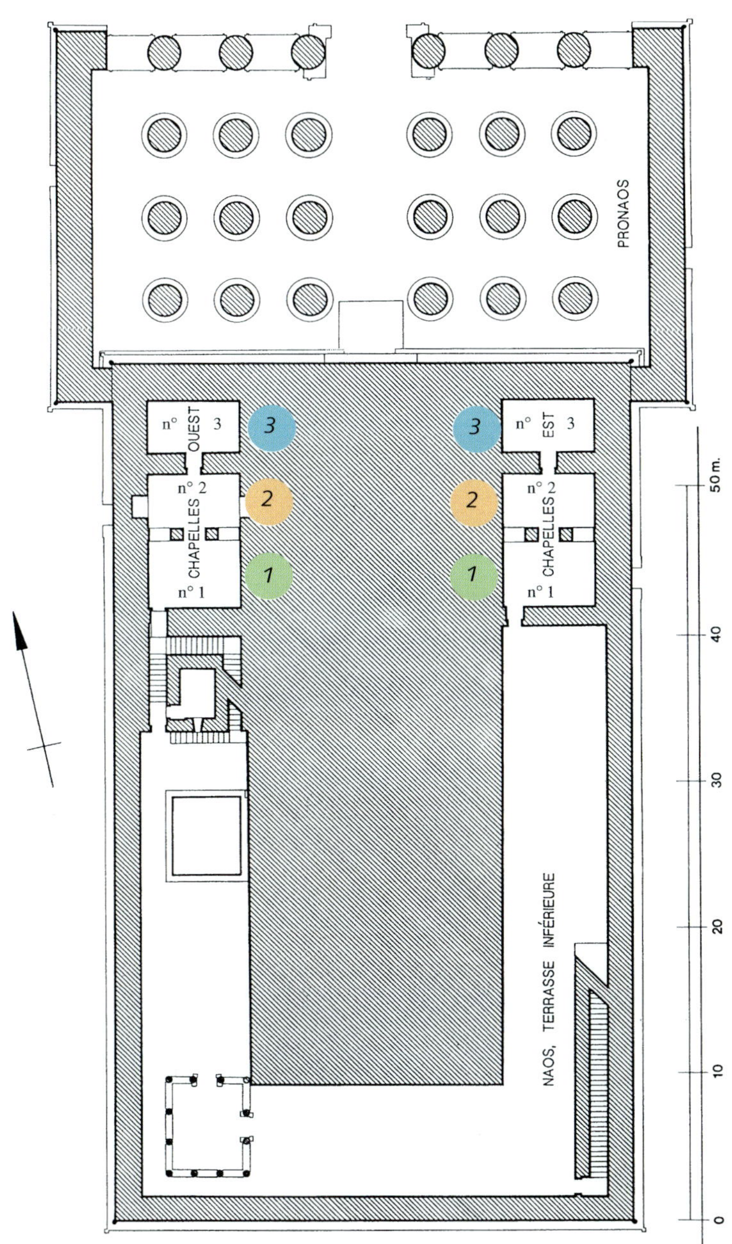

Plan du toit du temple d'Hathor à Dendara.

2 Les chapelles médianes (chapelles est et ouest n° 2)

Les deuxièmes chapelles sont à tous égards des pièces intermédiaires, antichambres, d'un côté, de la naissance, de l'autre, de la mort d'Osiris. À l'est, la figurine est préparée et les reliques d'Osiris rassemblées. À l'ouest, on se prépare à accéder au tombeau qui va accueillir pendant un an la figurine sacrée: on se recueille devant des formules protectrices tirées du Livre des Morts.

3 Les chapelles secrètes (chapelles est et ouest n° 3)

Les chapelles situées après la cour et la chapelle intermédiaire sont les salles les plus secrètes – certainement inaccessibles aux simples prêtres, car elles renferment le mystère divin: naissance à l'est dans le moule-utérus, mort à l'ouest. Toutes deux sont aussi des «ateliers»: dans l'une, on assistait à la germination de l'orge; dans l'autre, on pratiquait le rituel de l'embaumement.

Les chapelles communiquaient spirituellement entre elles, comme si elles eussent été contiguës; l'hymne de naissance d'Osiris à l'est est gravé en creux, comme on le fait généralement pour les parois extérieures d'un édifice: il forme effectivement «l'extérieur» de la tombe d'Osiris sise à l'ouest juste de l'autre côté du 'miroir'. Cette sixième et ultime salle conservait les figurines en orge – tombeau à la fois transitoire et perpétuel.

Les chapelles situées sur le côté est étaient le théâtre des actions cultuelles du 12 au 23 khoiak (fabrication de la statuette); de l'autre côté, on procédait aux rites du 24 à la fin du mois. En gravant dans la pierre les phases de la résurrection, les prêtres ont moins pensé à s'assurer un aide-mémoire inutile qu'à donner une vie éternelle à leur dieu; chaque texte, judicieusement placé à l'endroit commandé par le calendrier religieux, renforce la valeur magique des gestes et des paroles.

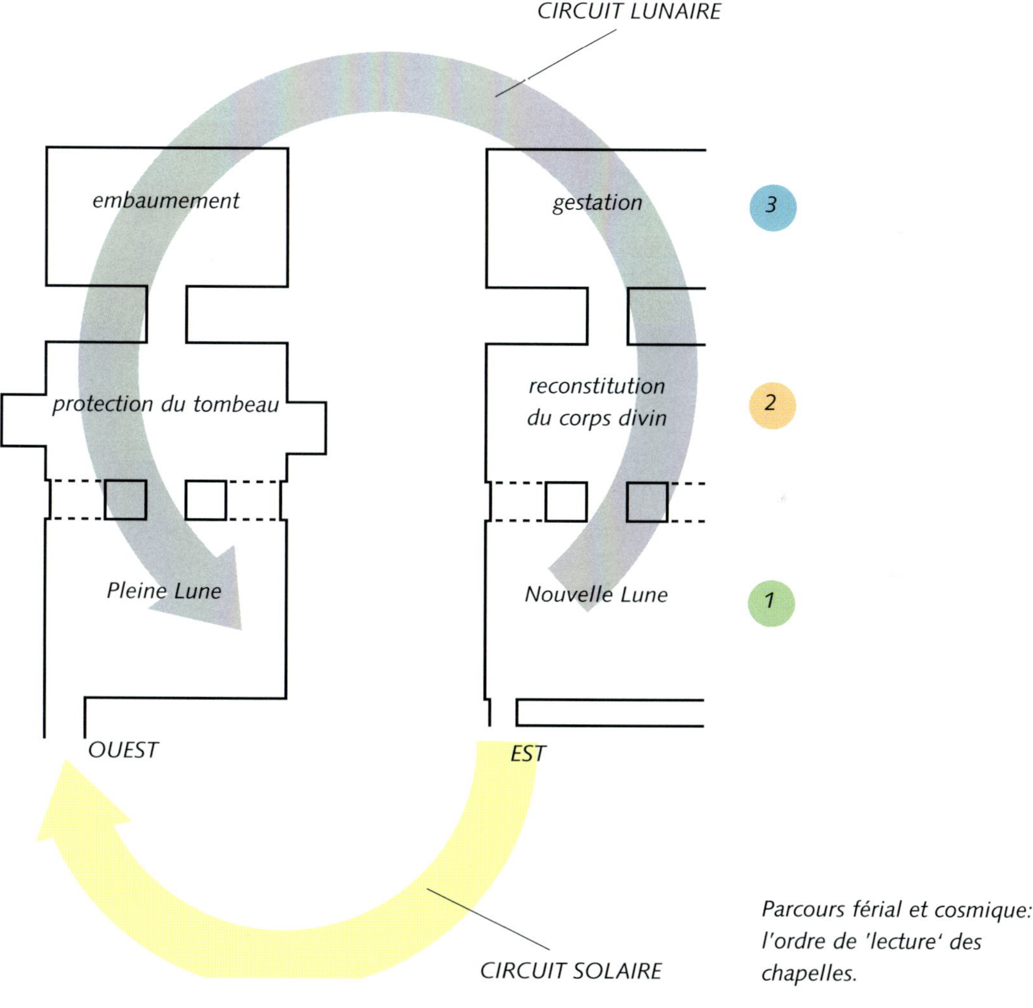

Parcours férial et cosmique: l'ordre de 'lecture' des chapelles.

LA RENAISSANCE ASTRALE ET LA MARCHE DE LA LUNE

OSIRIS EST LE MONDE LUNAIRE… ILS SITUENT LA PUISSANCE D'OSIRIS DANS LA LUNE. (PLUTARQUE, *ISIS ET OSIRIS* 41,43)

Parallèlement à cette marche liturgique et très concrète, Osiris-Lune suit la même progression. Dans la cour est, l'astre n'est pas représenté, il est uniquement décrit par un hymne: *Ton corps s'exalte tous les trente jours en ta forme de Lune, ton apparence se rajeunit à la Nouvelle Lune*. Le début du cycle est simplement évoqué dans ce lieu d'où démarre la procession. Celle-ci, aboutissant dans la cour ouest, illustre le triomphe de la Pleine Lune; l'astre lunaire aura emprunté un chemin passant par le nord, tandis que la solarisation du vieux roi sera passée par le sud. Et de fait, dans le ciel, la Lune suit à peu près le même chemin que le Soleil. Pour opposer la marche des deux astres, l'un illuminant le ciel diurne, l'autre celui de la nuit, les théologiens ont 'idéalisé' la course lunaire, accentuant artificiellement son détour par le nord. Celui-ci correspond à une mort transitoire – contrairement à l'ouest, monde permanent des morts. Osiris-Lune suit donc le mouvement inverse de la renaissance solaire et les deux astres se rejoignent, là où le Soleil et la Pleine Lune se couchent.

À Dendara, les prêtres-astronomes n'ont ni représenté ni mentionné les jours qui séparent la Nouvelle Lune de la Pleine Lune, l'astre passe directement de la venue au monde à la maturité; il est Pleine Lune dans les chapelles secrètes.

Osiris-Lune-Thot.

Au point d'aboutissement du circuit lunaire, à l'endroit même où s'achève la procession, la Lune apparaît en majesté au centre de la paroi nord.

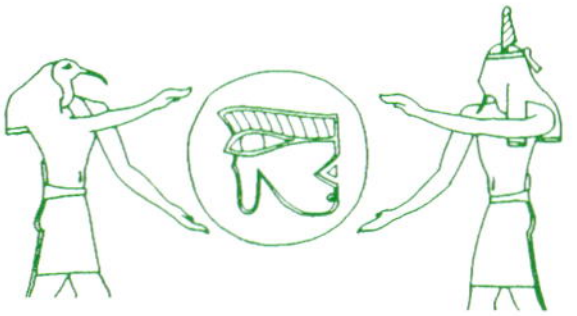

Osiris Pleine Lune dans la cour où aboutissait la procession.

Le programme se déroule sans interruption de la cour orientale à la cour occidentale comme si elles communiquaient entre elles, de même que les chapelles secrètes sont magiquement reliées l'une à l'autre. L'astre lunaire clôt le cycle de khoiak quand le dieu mort ressuscite sous forme de Pleine Lune. Les mystères d'Osiris sont alors résumés par ces mots: *Tu réapparais cycliquement en tant que Lune.* L'œil sacré dans un cercle figure cette Pleine Lune dont le nom est *Osiris-Lune-Thot*, le disque est porté par Thot et Chou. Tout autour de cette scène centrale, les plus grands dieux d'Égypte apportent une plante et un vase contenant un minéral bénéfique, chacun protégeant et illustrant à sa manière la couleur de l'astre dans sa phase ascendante. Une telle représentation, qui n'est pas sans exemple en Égypte, engage à se demander si les Grecs passionnés d'hermétisme n'ont pas puisé là leurs recherches sur les correspondances qui unissent pierres et plantes. Chacun des dieux récite un discours de ce type:

> *Je remplis l'œil d'améthyste, je fais vivre l'œil avec la menthe, les humeurs divines sont la Lune au complet, les nuages sont chassés quand tu apparais.*

Les prêtres devaient invoquer le dieu incarné par la momie parée de ses bandelettes et amulettes; nombreux sont les textes qui jalonnent le circuit cosmique:

> *Osiris, tu sors en tant qu'âme vénérable, tu t'envoles en tant qu'ombre, tu te poses en tant qu'esprit glorieux pour voir ton cadavre, tu resplendis en tant que momie dans l'œil gauche qui est la Lune; ton âme est vivante en tant qu'Orion pour l'éternité, tu te lèves dans le ciel au milieu du jour devant ton temple – le ciel de ton âme sur terre; tu vois le temple parfait avec ton image et ta chapelle est sacrée avec ta statue.*
>
> *L'âme d'Osiris, qui s'élève dans le ciel, Lune qui brille dans la voûte céleste, le dieu vénérable, pour l'âme duquel on*

> *soulève le ciel – il est Orion, Sothis le protège pour toujours et à jamais –, se levant le jour éternellement et à jamais, se couchant la nuit; tu renouvelles ta manifestation en tant que Lune, tu éclaires les hommes qui sont dans les ténèbres, Osiris, tu es périodiquement jeune, vivant, vivant, pour l'éternité, sans jamais disparaître.*

Sirius a été, dès l'époque des Pyramides, considérée comme la sœur d'Osiris sous le nom de Sothis, elle veille sur lui au ciel comme sur terre: *Sothis maîtresse du ciel, souveraine des âmes des dieux (= les étoiles), qui brille dans le ciel à la suite de son frère Osiris, qui marche dans ses pas chaque jour, qui éloigne de lui les ennemis jour et nuit, qui repousse Apophis.*

Le Zodiaque dans le cadre des mystères d'Osiris

Les Égyptiens disent que la carène est l'image de la barque d'Osiris: sa course est voisine de celle d'Orion et de celle de Sothis. (Plutarque, *Isis et Osiris* 22)

Le Zodiaque se trouve dans la chapelle où l'on fabrique la figurine et où l'on apporte les reliques divines. Pendant les opérations alchimiques qui se passent *du crépuscule jusqu'à l'aube*, le ciel osirien qui surplombe les simulacres les charge de la puissance céleste. Le Zodiaque occupe la moitié ouest du plafond: l'ouest convient au lieu où se couchent le Soleil et la Pleine Lune, il est aussi le monde des morts. Une inscription en forme de légende court autour du ciel:

> *Le ciel d'or, le ciel d'or, c'est Isis la grande, mère du dieu, maîtresse de La-Butte-où-a-été-mise-au-monde-la-déesse, qui prend place dans Dendara, c'est le ciel d'or.*
> *Les grands dieux sont ses étoiles:*
> *Harsiesis, son dieu du matin (= Vénus),*
> *Sokar, sa Voie lactée,*

> *Le Jeune-Homme Osiris, son étoile visible (= Canope de la Carène),*
> *Osiris, sa Lune,*
> *Orion, son dieu,*
> *Sothis, sa déesse (= Sirius),*
> *ils entrent et sortent pour les morts de la vallée infernale.*

Cette nomenclature céleste est centrée sur le dieu, sa sœur-épouse Isis et leur fils: Osiris (Canope, Lune et Orion), Isis (voûte céleste et Sothis), Harsiesis (Vénus, étoile du matin). Sokar est le nom que prend Osiris dieu mort; la Voie lactée, traînée lumineuse évanescente, lui est confiée. Harsiesis, l'héritier et le garant de la continuité royale, surgit sous l'apparence de Vénus au moment où son père la Lune disparaît. Osiris et son entourage illuminent les nuits, mais, surtout, ils veillent à jamais sur les morts qui les ont rejoints dans la vallée infernale, le paradis d'Osiris.

Le plafond du Zodiaque (chapelle est n°2).

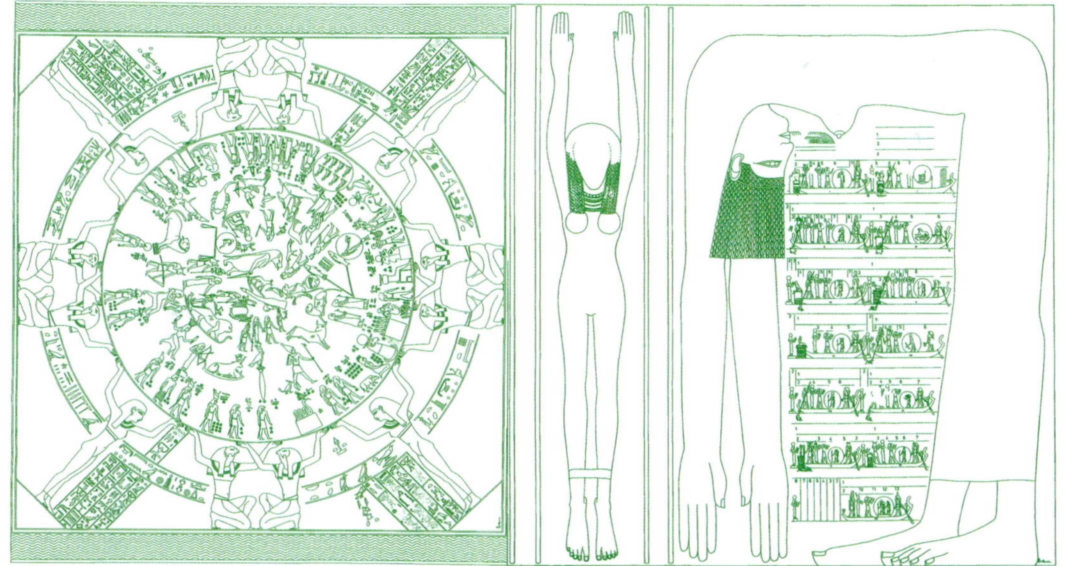

Dans ce texte, Isis – et non Nout – est la voûte céleste; ce choix *a priori* anormal est à la fois judicieux et nécessaire: les théologiens ont voulu créer une «cellule» exclusivement osirienne. Toutefois, le temple étant consacré à Hathor, ils ont offert à celle-ci, fille de Rê, une place de choix sur la moitié est du plafond de la chapelle: elle y est considérée comme la première heure du jour à l'instar du jeune Soleil.

Nout ployée figure ici la voûte céleste dans laquelle se déplace la barque du Soleil. Des douze heures du jour, la première est dédoublée et on compte treize barques; le Soleil matinal est mis sur le même plan qu'Hathor, considérée comme un jeune Soleil elle-même – une représentation exceptionnelle pour la fille de Rê et qu'elle doit assurément à sa position de maîtresse du temple. Le nom des heures est parlant, la première est *Celle qui éclaire*, midi correspond à *Celle qui est verticale*.

Les deux parties du plafond sont séparées par Nout déployée comme dans un plongeon; les hiéroglyphes qui l'encadrent invoquent Osiris dans ses aspects cosmiques: *Âme vénérable d'Osiris, qui apparaît dans le ciel au début du mois, dont le corps redevient jeune, dont le pouvoir divin est plus élevé que celui des dieux du ciel et que celui des puissances du pays tout entier, Orion dans le ciel, vivant chaque jour sans disparaître dans la voûte céleste. Son apparence se rajeunit au jour de la néoménie, il est juvénile à l'intérieur de la Lune. Il est le seigneur des étoiles en son nom d'Osiris-Orion. Sa sœur, l'étoile brillante (= Sothis), contrôle sa marche en écartant les ennemis loin de lui.*

Ainsi, dans le théâtre du grand œuvre, tout est dévolu à Osiris, le ciel du jour est confié à la fille de Rê, celui de la nuit – dans le Zodiaque –, à l'épouse d'Osiris: la dualité Rê/Osiris, jour/nuit est respectée par les déesses elles-mêmes qui se répartissent les rôles dans la course céleste et veillent sur la renaissance d'Osiris dans un cadre cosmique.

Les plafonds des autres chapelles sont pareillement osiriens. Dans la chapelle suivante, la figurine désormais achevée se place devant la représentation d'Osiris en gestation dans le moule-utérus de sa mère; le simulacre recevait la lumière du Soleil et de la Lune par la lucarne aménagée dans le plafond.

Sur les quatre faces de cette ouverture, Osiris est représenté comme une momie couchée sur un lit; les textes décrivent l'action de Rê depuis le matin jusqu'au soir: *Le disque solaire brille pour toi, il se montre le matin, ses rayons se réunissent à ta momie; Rê est debout pour toi en face de ta momie au milieu du jour en dardant ses rayons vers ton visage; Rê se couche dans le Pays-de-la-vie au moment du crépuscule, ses rayons se mêlent à ton corps.*

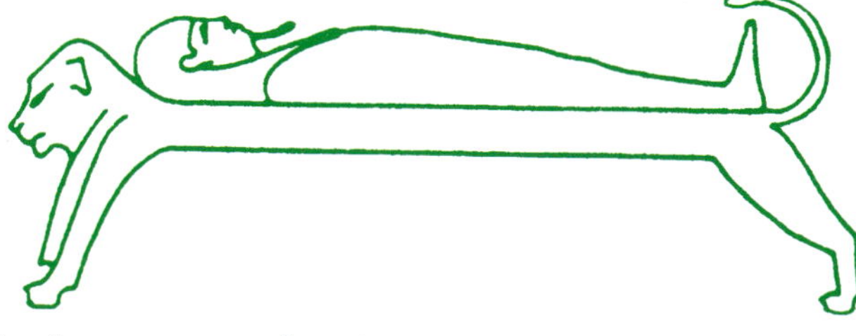

Osiris momie représenté sur la lucarne de la chapelle où se passe la gestation.

Pendant la conception végétale et symboliquement humaine, l'âme d'Osiris se détache de son enveloppe terrestre: *Tu sors en tant qu'âme, tu t'envoles en tant qu'ombre, tu te poses en tant qu'esprit glorieux pour voir ton cadavre, tu te poses sur cette tienne belle statue, vivant pour l'éternité.*

Le plafond est lui aussi bipartite: une moitié représente la voûte du ciel avec le corps de Nout enserrant les astres et les quinze premiers décans; quatre déesses supportent la voûte – celles mêmes qui soutenaient le Zodiaque dans la chapelle précédente; près du ventre de la déesse, quatre barques portent Isis, la Lune, Orion et Sirius.

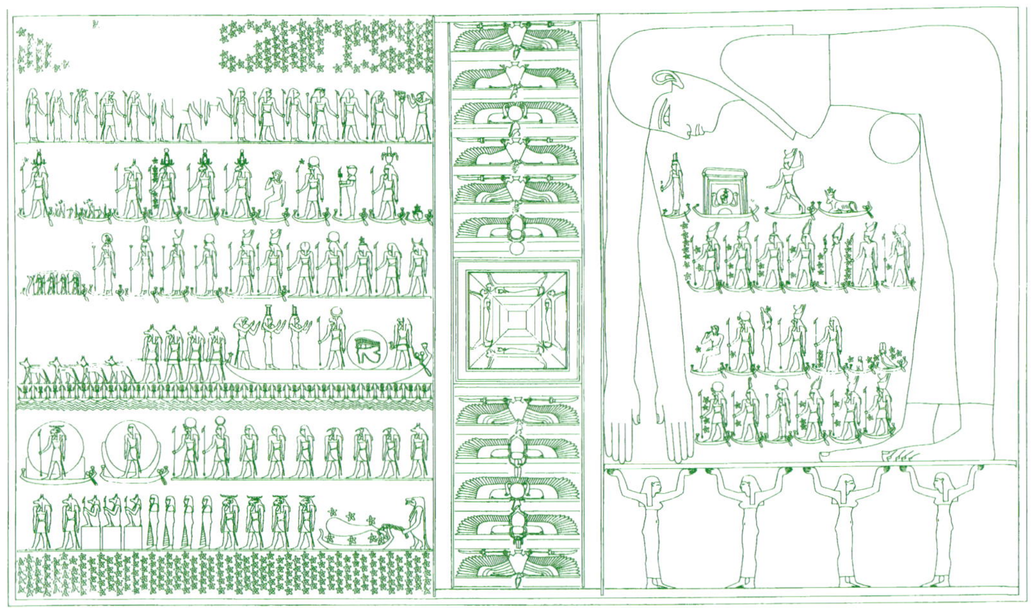

Le plafond de la chapelle secrète est.

Six bandes gravées décorent la partie ouest et figurent les éléments suivants:

- Les quatorze jours de la phase ascendante de la Lune;
- La deuxième moitié des décans et les planètes;
- L'astre lunaire sous ses deux aspects (œil sacré placé dans un disque et dieu Thot à tête de babouin).

– Le Soleil et la Lune représentés deux fois: ils prennent place dans une barque (dans les disques solaire et lunaire) ou précèdent debout divers dieux cosmiques. Le Dragon, qui tient par une chaîne la Grande Ourse, ferme la marche; ces deux constellations sont adéquatement placées au nord.

La Lune poursuit son chemin de cette chapelle secrète où se déroulait la parturition divine jusqu'à sa réplique du côté ouest où, sans transition de la naissance à la mort, Anubis procède aux rites de l'embaumement. Le plafond est aussi divisé en deux moitiés.

Le plafond de la chapelle secrète ouest.

Nout est toujours la voûte céleste, Thot adore l'œil sacré et chacun des grands dieux prend place sur une marche d'un escalier censé représenter les quatorze jours de la croissance lunaire. Sur la partie médiane du plafond, Osiris prend les apparences d'Orion et du Phénix.
Sur la moitié ouest, trois déesses Nout évoquent trois ciels ou plutôt trois sarcophages emboîtés, tels ceux qui protégeaient la momie de Toutankhamon.

La chapelle qui fait pendant à celle où se trouve le Zodiaque porte sur son plafond une immense scène déjà mentionnée (voir p. 48): Nout irradie Osiris placé en position fœtale dans le ventre de sa mère, en une gestation éternelle.

QUAND L'ASTRONOMIE REJOINT LES MYSTÈRES: LE 28 DÉCEMBRE 47 AV. J.-C.

Ô OSIRIS, TON ÂME SORT VERS LE CIEL,
TON CADAVRE EST DANS LE MONDE INFERNAL,
LES SANCTUAIRES DÉTIENNENT TON IMAGE,
TU ENTENDS LES INCANTATIONS DE THOT,
TU RÉAPPARAIS EN TANT QUE LUNE!
(*DENDARA* X, 271)

Tout au long des chapelles, selon une marche soigneusement réglée, la fabrication du simulacre divin suit la progression mensuelle de l'astre lunaire. Le *travail* commence le 12 du mois de khoiak, la transfiguration divine advient le 26, soit quatorze jours plus tard. Dans les conditions idéales, c'est-à-dire lorsque le 12 correspondait à une Nouvelle Lune, la maturation était en parfaite simultanéité avec le cycle lunaire et le grand œuvre culminait lors de la Pleine Lune.

La décoration des chapelles a probablement commencé en 50 av. J.-C., au moment où le Zodiaque a été conçu (voir p. 11); elle était obligatoirement achevée au plus tard en 42 av. J.-C., sinon les cartouches royaux, au lieu de rester vides, eussent porté les noms de Cléopâtre et de Césarion. Pendant cette courte décennie, seul le millésime 47 av. J.-C. voit la Pleine Lune tomber un 26 khoiak. Or, cette année-là, le 28 décembre (équivalent julien du 26 khoiak), la Lune est non seulement pleine, mais également zénithale, fait exceptionnel: la conjonction des trois circonstances – 26 khoiak, Pleine Lune, passage au zénith – ne se produit que tous les millénaires et demi: nul doute que les prêtres en comprirent le caractère unique et donnèrent à ce jour tout l'éclat approprié à une manière de miracle cosmique. La grande procession partit de la cour est, là où est mentionnée la Nouvelle Lune, elle progressa d'est en ouest, en passant par le sud pour se charger d'énergie solaire et aboutit à l'ouest, là où l'astre trône dans sa plénitude. Les cérémonies osiriennes ont alors connu tout à la fois leur inauguration et leur apogée.

La nuit du 28 décembre 47 av. J.C., lors du mystère liturgique du 26 khoiak, le disque brille au zénith; cette nuit encore, Jupiter se lève exactement dans l'axe du temple, celui-là même où était apparue Sirius lors de la fondation sacrée, le 16 juillet 54 av. J.-C. Or, l'effigie de la Pleine Lune est flanquée de part et d'autre du nom de Jupiter gravé exactement sur cet axe! Au moment où la planète géante apparaît dans le ciel, vers 2h30 du matin, Orion se couche à l'ouest. Osiris aura ainsi triomphé sous tous ses aspects – Lune, Orion, Canope et Jupiter – pour laisser la place, au petit matin, à son héritier. Cette quinzaine prodigieuse (du 14 au 28 décembre 47 av. J.-C.) a ainsi été immortalisée dans la pierre, en un magnifique hommage au dieu triomphant qui garantit à l'Égypte une éternité de vie.

Les palmiers du lac sacré de Dendara.

TABLES DES FIGURES

dessin n° 47 Le plafond du Zodiaque.
dessin n° 48 Osiris momie représenté sur la lucarne de la chapelle où se passe la gestation.
dessin n° 49 Le plafond de la chapelle secrète est.
dessin n° 50 Le plafond de la chapelle secrète ouest.

PHOTOS
Vues générales
Plafond pronaos

PRINTED ON PERMANENT PAPER • IMPRIME SUR PAPIER PERMANENT • GEDRUKT OP DUURZAAM PAPIER - ISO 9706
N.V. PEETERS S.A., WAROTSTRAAT 50, B-3020 HERENT